国家自然科学基金项目(51574115,51374097)资助
黑龙江省自然科学基金项目(E200610)资助
教育部科学技术研究重点项目(210064)资助
黑龙江省教育厅科学技术研究重点项目(12541z009)资助

多场耦合下煤体破坏和渗流规律

肖福坤　刘　刚　蒋元男　著

中国矿业大学出版社

内 容 提 要

本书是一部系统论述多场耦合下煤体破坏和渗流规律的专著。全书共分 8 章，主要内容包括煤岩体热固气耦合损伤研究现状及不足、含瓦斯煤体的赋存特征和物理特性、煤体的基本力学性质研究、热固气耦合作用下煤体渗流特性试验研究、煤体热固气耦合模型、热固气耦合条件下煤体渗流特性数值分析、有效应力对煤体渗透率的影响和复杂应力作用下瓦斯抽放钻孔破坏规律实验研究等。

值得说明的是，本书从热固气耦合角度分析瓦斯在破裂煤体中流动规律，突破了固气耦合模式研究瓦斯流动的局限，对于多场耦合渗流力学行为的深入认识带来一种新的视角和分析方法。

图书在版编目（C I P）数据

多场耦合下煤体破坏和渗流规律/肖福坤，刘刚，
蒋元男著. —徐州：中国矿业大学出版社，2016.9
ISBN 978 - 7 - 5646 - 3288 - 5

Ⅰ. ①多… Ⅱ. ①肖… ②刘… ③蒋… Ⅲ. ①煤岩—
瓦斯渗透—研究 Ⅳ. ①TD712

中国版本图书馆 CIP 数据核字（2016）第 241907 号

书　　名	多场耦合下煤体破坏和渗流规律	
著　　者	肖福坤　刘　刚　蒋元男	
责任编辑	潘俊成　孙建波	
出版发行	中国矿业大学出版社有限责任公司	
	（江苏省徐州市解放南路　邮编 221008）	
营销热线	（0516）83885307　83884995	
出版服务	（0516）83885767　83884920	
网　　址	http://www.cumtp.com　E-mail：cumtpvip@cumtp.com	
印　　刷	徐州中矿大印发科技有限公司	
开　　本	787×960　1/16　印张 9.5　字数 208 千字	
版次印次	2016 年 9 月第 1 版　2016 年 9 月第 1 次印刷	
定　　价	36.00 元	

（图书出现印装质量问题，本社负责调换）

前　言

　　煤炭是中国乃至全球储量最为丰富的资源,经过数千年的演化过程,成了工业生产中重要的能源,但是由于其大多数来自地下空间且赋存环境极其复杂,煤矿开采存在许多安全隐患,要考虑许多因素,并且发生事故的原因有很多,一旦某个环节出错,煤矿就有可能发生瓦斯爆炸、煤与瓦斯突出、冲击地压等灾害,煤矿事故不但威胁到开采工人的生命安全,还会影响生态环境,爆炸产生的冲击、烟雾和粉尘危害导致环境破坏,所以在矿山开采过程中要以安全为第一要务。随着煤炭工业技术的发展,煤炭资源开采逐步向深部延伸,开采深度越大,矿井安全隐患也在日益增加。深部煤炭资源处于三高(高温度、高应力、高瓦斯)环境中,开采环境复杂。其中,高瓦斯煤层开采过程中,煤体赋存瓦斯在高应力、高温度作用下大量涌出,将会给煤炭生产带来巨大安全隐患,尤其是它们耦合作用下将会伴随产生更多新的矿井危害,成为继简单的瓦斯突出和冲击地压之后的一种新的复杂的安全隐患。因此,煤体变形破裂情况下对瓦斯运移和瓦斯涌出规律进行深入研究已成为矿山压力研究的重要课题之一,因为安全问题是矿井开采过程中重要的一部分,所以对热固气耦合理论的研究就显得迫在眉睫。本研究对矿井深部资源开采具有现实的指导意义,同时对现场热固气耦合问题衍生灾害预防预报具有重要的参考价值与应用价值。

　　煤炭深部开采过程中,其地应力场、瓦斯流动场、温度场、变形场、电磁场等外部环境变得更加复杂。同时,由于高瓦斯压力和巷道开挖扰动区域裂隙及其耦合作用导致渗流问题不再满足 Darcy 定律,渗流问题成为一个非线性问题。另外,热固气耦合机理也变得非常复杂,不能再采用传统的煤岩体热固气耦合理论进行研究。热固气耦合问题与宏细观裂纹扩展、弹塑性变形结合紧密,为此,本书尝试通过系统试验研究,在试验基础上,分析热固气耦合问题的内在机理,据此建立热固气耦合模型。此外,为了便于工程计算,本书还建立了热固气耦合模型数值分析模型、有效应力模型,在弹塑性力学框架内建立热固气耦合模型,提出相应的数值模拟方法。本书是上述工作的系统总结,内容安排如下:

　　第 1 章为绪论,论述本书的研究依据与意义,对国内外的研究现状进行综述,从含瓦斯煤的力学特性研究现状、煤体热固气耦合研究现状和煤岩体热固气耦合损伤理论研究进展等几个方面详细介绍了此领域内的相关研究基础和进展,并详细列出了本书的主要内容及其相互关系。

第2~4章为本书的第一部分,主要介绍试验研究方面内容。通过一系列试验获得煤岩体的物理特性、力学特性、渗流特性和有效应力系数演化规律,各章主要内容为:

第2章,主要研究含瓦斯煤的赋存特征和物理特性。含瓦斯煤岩的地质特征包括含瓦斯煤岩的沉积环境、煤层中烃类生成、煤层气藏储层特征,主要物性参数包括煤体孔隙度、煤体瓦斯渗透率、煤体孔隙压缩系数、煤体瓦斯相对渗透率,煤层气吸附特征和煤层气赋存方式。

第3章,通过室内实验测定了岩石的基本力学参数并结合煤岩体实际开采工况,在实验室对煤样进行加载和卸载,进一步验证煤样在循环载荷作用下产生的变形情况,主要得出以下几点结论:循环应力被施加在煤体上时,加载应力曲线与卸载应力曲线并不会重合在一起,而是会形成一个封闭的滞回环;一般开始时的循环加载过程,塑性滞回环围成的面积变化的幅度很大,而在经过许多次的循环后,其面积基本保持不变;当不断地循环时,煤体的塑性滞回环曲线会变得越来越紧密;加载一般分为两个阶段,产生煤体的疲劳损耗,包括应力产生应变的速度增加阶段和保持稳定阶段;塑性变形和弹性变形是煤体变形的主要方式,随着循环次数的不断增加,煤体内部也随着循环应力的不断增加由开始的弹性变形慢慢产生新的裂隙并不断扩展,直至发生破坏。整个循环应力加载过程中,循环次数的增加,会使得煤体的弹性模量降低,这一情况在刚开始时尤为明显;煤体达到载荷极限之前,其弹性模量减少的速度会越来越小,最后保持不变。随着围压的增大,由于轴向应力的增大,煤体破裂时所需的循环次数也在不断增加。煤体受到的轴向应力会产生轴向、径向以及体积的应变,当加载的应力不断增大时,三个应变都会随之增大,前几次循环施加在煤体上的应力产生的应变增加得最多,经过不断循环之后会逐渐稳定;同等情况下煤体在达到应变稳定时需要的循环载荷的次数是一定的,而当围压不断提高时,相应所需的循环次数也会增加。

第4章,利用热气固三轴伺服渗流特性实验装置研究了不同温度、不同瓦斯压力、不同有效应力条件下的煤体渗透规律以及全应力—应变过程中煤体渗透特性变化,取得了如下研究成果:在渗流试验中调节瓦斯压力和温度至定值,有效应力对渗透率有着重要的影响,两者呈指数函数变化,渗透率随有效应力的增大而降低;保持瓦斯压力和有效应力不变,升高试验温度,渗透率呈负指数函数关系减小;保持有效应力和温度不变,渗透率和瓦斯压力呈二次函数变化关系,瓦斯压力逐渐升高时,煤体渗透率先急剧下降,当瓦斯压力增加到一定值以后,渗透率不再急剧下降而是慢慢变得平稳。研究不同瓦斯压力下全应力—应变过程中煤体渗透特性变化以及体积应力对渗透率的影响,试验结果表明:煤体应力—应变的变化特征以及体积应力对渗透率的影响可分为五个不同阶段,分别为刚开始的初始压密阶段、线弹性阶段,随着继续加载煤体进入屈服变形阶段,最后到达应力跌落阶段和应变软化及残余应力阶段。当煤体受外力作用下处在压密及线弹性阶段时,煤体渗透率随着体积应力的增大会产生小小的波动,即先轻微下降然后出现直线下降的趋势;当进入线弹性阶段末期,渗透率为最小值;当煤体达到了塑性变形阶段时,随着体积应力的增大,煤体渗透率逐渐上升,在塑性阶段的后期体积应力已达到了最大值,煤体中渗透率到达了顶峰;当试件处于应力跌落阶段后,试件所承受的体积应力没有继续增大,而是突然向下跌落,渗透率却有明显的上升趋势;随着继续加载,试件进入到应变软化和残余应力阶段,煤体积应力的下降趋势变缓慢,煤体渗透率的增加趋势也逐渐变缓。

第5~7章为本书的第二部分,主要介绍煤体孔隙率、渗透率的耦合数学模型,给出渗流场、温度场、应力场耦合方程,结合初始条件和边界条件,对建立的煤体热固气耦合模型求解,并以前文所测得的物理力学参数为基础,通过COM-SOL Multiphysics软件对煤体渗流特性进行了数值模拟研究,结合现场瓦斯抽采钻孔问题,进行了复杂应力作用下瓦斯抽放钻孔破坏规律实验研究。

第5章,根据实际情况下瓦斯在煤体中的流动情况,以弹塑性力学、流体力学、热力学等理论为基础,建立了煤体孔隙率和渗透率数学模型;综合考虑瓦斯压力、主应力、温度对瓦斯与煤体的影响,建立了煤体应力场、渗流场、温度场数学方程,并通过各个变量把它们联系起来,根据实际情况分别给出了煤体应力场、渗流场、温度场的边界条件和初始条件,建立煤体热固气耦合数学模型。

第6章,随着三轴主应力和瓦斯压力的施加,煤体被逐渐压缩,煤体内部原始的孔隙和微裂隙逐渐闭合,煤体被压密,渗流通道逐渐变小,因此渗透率降低;随着瓦斯从进口端渗透进入煤体,煤体开始吸附瓦斯,导致了瓦斯压力从顶端到底端逐渐降低,同时由于煤体内部孔隙和节理开始吸附瓦斯,发生内膨胀效应,因此导致了煤体孔隙率和渗透率的变化;有效应力从煤体的顶端往下端逐渐减小并趋于均匀分布,瓦斯渗流速度从顶端到底端逐渐降低。在不同瓦斯压力作用下,煤体 yz 截面渗透率随着瓦斯压力的升高却降低,且从顶端到底端的降低幅度逐渐变缓。通过 Matlab 计算得到煤体在不同瓦斯压力、不同主应力、不同温度作用下渗透率曲面图,研究结果表明:保持主应力和温度不变,渗透率和瓦斯压力呈二次函数变化关系,当瓦斯压力逐渐升高时,渗透率下降趋势先逐渐变快然后变得平稳;保持瓦斯压力和温度恒定,瓦斯压力逐渐升高时,渗透率先急剧下降,继续给煤体施加瓦斯压力以后,渗透率不再急剧下降而是慢慢变得平稳;在瓦斯压力和主应力一定下,渗透率随温度的升高呈降低趋势。

第7章,通过实验室实验和数值实验分析,得到了如下规律:通过改变瓦斯抽放钻孔的仰角来实现改变钻孔受力状态的方法研究了钻孔在受到与钻孔轴线呈一定夹角的载荷作用下钻孔的破坏。实验结果表明,随着瓦斯抽放钻孔仰角的改变,瓦斯钻孔最先发生破坏的区域没有发生变化,始终是在钻孔水平边界处,当钻孔发生破坏后,在水平钻孔边界处产生裂缝,分别向上下 63°(煤样尖角)方向扩展,最终形成剪切滑移破坏。煤样水平钻孔周围分布不同方向裂隙时钻孔的破坏方式也不相同。如果钻孔边界有倾斜方向的裂隙,在受压破坏过程中与竖直方向的夹角在 35°~50°之间的裂隙会首先扩展,随后是竖直方向的裂隙,水平方向的裂隙不能发生扩展,在挤压之下,会形成剥落离层。在煤样受力过程中,与竖直方向呈一定夹角的倾斜方向以剪应力为主,竖直方向以拉应力为主,水平方向以压应力为主,实验结果验证了煤样的剪切强度小于抗拉强度小于抗压强度这一规律。通过数值模拟研究了不同瓦斯抽放钻孔仰角情况下钻孔周围的应力变化情况。结果显示,随着钻孔仰角的不断增大钻孔煤样的整体应力值有所上升,钻孔周围的最大应力值逐渐减小,而最小应力值却增大,钻孔煤样内部的应力分布大小差距减小,钻孔的受力情况更趋于稳定。瓦斯抽采钻孔的倾斜角度在 30°~45°时钻孔周围塑性区变化明显,在钻孔的倾斜方向则会出现"羊角"形的塑性区,而且随着倾斜角度的不断增大塑性区面积会有所增大,"羊角"的形状会更加尖锐突出。受水平应力的影响,在水平侧压系数不同的情况下钻孔周围的应力及塑性区会发生较大变化。随着侧压系数从 0~1 的增加过程中瓦斯抽放钻孔周围的应力环境趋于更加稳定,更不容易发生破坏。随着侧压系数的不断增大钻孔周围的塑性区逐渐减小,而且塑性区逐渐由 X 形分布变成围绕钻孔周围的环形分布,破坏形式由 X 形剪切破坏变成压缩破坏。

本书的主要内容来源于国家自然科学基金面上项目"冲击地压煤层能量传递与引导规律研究"(51574115)、"巷道垮落体中再造应急救援通道支护机理研究"(51374097),黑龙江省自然科学基金项目"瓦斯渗流和含瓦斯煤岩破裂规律研究"(E200610),教育部科学技术研究重点项目"复杂应力作用下瓦斯抽放钻孔稳定性分析"(210064),黑龙江省教育厅科学技术研究重点项目"采煤工作面煤体破裂和瓦斯运移规律研究"(12541z009)等的研究成果。在本书的撰写中得到有关学者、专家的指导和帮助,其中特别感谢黑龙江科技大学采矿工程专业的研究生段立群、赵祥顺、樊慧强、张峰瑞、王一斐等在本书撰写过程中给予的帮助；书中引用了多位学者的文献资料，在此一并表示感谢。感谢黑龙江省煤矿深部开采地压控制与瓦斯治理重点实验室提供的大力支持与帮助。

热固气耦合问题涉及多学科理论与方法，有许多理论和实践问题仍有待进一步深入研究，由于作者水平所限，书中难免存在不妥之处，敬请读者和专家批评指正。

著　者

2016 年 8 月

目　录

1　绪　　论

1.1　研究背景与研究意义

　　我国矿产资源储量极其丰富,是当今世界上最大的煤炭生产和消费国家。在 20 世纪 50 年代煤炭曾占我国能源结构的 90％,现在虽然有所下降,但仍然占到 70％以上。国家《能源中长期发展规划纲要(2004～2020 年)》中提出,中国将"坚持以煤炭为主体、电力为中心、油气和新能源全面发展的能源战略"。为了满足国民经济飞速发展的要求,在今后很长一段时期内,作为国家主要能源的煤炭将一直保持较高的开发强度。

　　随着煤矿的持续开采,开采深度和难度逐渐增加。研究结果表明,我国煤矿开采的深度每年增加 10～20 m,大部分煤矿开采深度已经达到 600 m,有的矿井深度甚至达到了 1 200 m。煤矿开采深度的增加,必然导致煤层瓦斯压力、温度、地应力逐渐增大,高瓦斯矿井数量也持续增长,一些矿井甚至逐渐变成煤与瓦斯突出矿井,全国煤矿恶性事故发生最频繁、最严重、伤亡最大的事故就是煤矿瓦斯事故,不仅会造成严峻的安全生产问题,还可能造成极大的社会危害。2000～2009 年间,一次死亡 10 人以上的特大事故中,瓦斯事故死亡人数占事故总人数的 79.9％。随着开采深度的增加,地应力增大、地温升高、瓦斯压力增大,瓦斯在煤层中的渗透能力越低,导致煤与瓦斯突出、突水以及采空区失稳等重大事故的增加以及灾害的频发。

　　煤体内部含有大量的裂隙、孔隙和节理,这些因素导致煤体与瓦斯之间的关系十分复杂。当煤体吸附大量瓦斯时,会引起煤体骨架吸附膨胀变形,从而导致煤体渗透能力的变化;随着有效应力的逐渐增大,煤体被压缩变形,导致内部孔隙和裂隙的分布产生变化,从而引起渗流特性的变化。随着开采深度的增加,温度也对煤体的性质与瓦斯的流动产生重要的影响。煤体的弹性模量、泊松比等物理参数都随着温度的变化而改变,引起煤体强度、刚度的变化,导致内部孔隙率产生了极大变化,从而改变了煤体的渗透能力和渗流规律。同时瓦斯在煤体中的吸附和流动也受到温度的影响,如瓦斯动力黏度系数、密度等参数随温度的变化而改变。因此在煤矿开采中煤体的变形和瓦斯的流动都受到瓦斯压力、有效应力、温度综合作用的影响,也称为热固气耦合作用的影响。而煤矿瓦斯事故的发生,如煤与瓦斯突出、瓦斯异常涌出等都是在热固气耦合作用下煤体突然发生失稳破坏而引起的动力灾害现象。

上面所述的煤与瓦斯突出、瓦斯抽放、温室气体的储存隔离等,从力学角度上看其基础都是一致的,都涉及耦合作用下气体的流动和煤岩体的变形破裂问题。含瓦斯煤岩的变形破坏过程,是一个极其复杂和极富挑战的研究课题,是力学、材料和工程等学科的研究热点和难点之一。因此,耦合作用下瓦斯气体的流动和煤岩体变形破裂规律的研究,是研究煤与瓦斯突出机理、煤层瓦斯抽放及瓦斯等温室气体储存隔离的理论基础,对于人们进一步深入认识含瓦斯煤岩的突出机理、煤层瓦斯抽放机理并进而采取相应的防治措施等具有重要的理论意义和工程实用价值。

1.2 相关研究进展

1.2.1 含瓦斯煤的力学特性研究现状

M. Doremus[1]在 1978 年通过研究发现,孔隙率是岩石的重要物理参数之一,随着岩石强度的增大而增大。刘先贵等[2]为了研究有效压力对孔隙率的影响,在实验室进行了大量的实验,实验结果表明,对煤体施加的有效压力越大,煤体孔隙率越低。李祥春等[3]在实验的基础上研究煤体吸附膨胀变形对孔隙率的影响,得到了膨胀变形和孔隙率之间的数学方程。卢平等[4]研究岩样在全应力应变过程中孔隙率的变化关系,得到了不同阶段孔隙率的变化结果。李春光等[5]通过大量数学关系式的计算,得出当孔隙率较大时,应该用较精确的关系式进行表示,模糊的关系式并不适用。

关于瓦斯在煤体中的渗透特性和瓦斯压力、有效应力、温度三者之间的关系,国内学者已经开展了大量的研究。

(1)有效应力对瓦斯渗流特性的影响。姜德义等[6]分别通过理论和实验研究有效应力对渗透率的作用机理,通过理论和实验对比分析得到有效应力与渗透率之间的数学表达式为三次多项式。唐巨鹏等[7]利用自主研发的实验设备进行瓦斯渗流吸附实验,实验先进行有效应力加载然后卸载,得到复杂有效应力条件下瓦斯渗流和吸附的规律。贺玉龙等[8]充分考虑当有效应力和温度改变时,砂岩孔隙率和渗透率的变化情况,通过试验研究它们的影响机理。曾平等[9]在实验室进行大量实验的基础上,得到了有效应力与低渗透砂岩渗透率之间的关系。代平等[10]通过试验得到有效应力对孔隙率的影响较小,对渗透率影响较大。康毅力等[11]通过改变有效应力的大小,微观观察孔隙结构参数的变化,从而得到它们的变化规律。闫铁等[12]基于分形方法通过计算机建立多孔介质有效应力模型,观察孔隙结构的变化,从而得到有效应力的分形形式。尹光志等[13]采用原煤应用自主研发的实验装置进行加卸载条件下的渗透实验,得到加卸载条件下有效应力对渗透率的影响规律。薛培等[14]通过试验研究煤体渗透率应力敏感系数,分析有效应力的影响,得到其呈指数函数变化。谷达圣等[15]采用型煤进行试验研究,应用了自主开发的实验设备开展了一系列实验,得到了在有效应力条件下试件吸附不同气体渗透率也明显不同。

(2)瓦斯压力对瓦斯渗流特性的影响。尹光志等[16]在试验中保持轴压和围压不变,通过改变瓦斯压力,研究渗透速率的变化情况,研究结果表明,两者呈幂函数关系。曹树刚等[17]通过试验研究了瓦斯压力对突出煤层原煤渗透率的影响,试验结果表明瓦斯渗流速度与瓦斯压力呈正态变化,渗透率和瓦斯压力呈"V"字形变化。黄启翔[18]等研究了煤岩体在全应力—应变过程中瓦斯压力对渗透率的影响,研究表明,在一定瓦斯压力范围内增大瓦斯压力,渗透率也随之增大。李佳伟[19]等分别研究了原煤和型煤在瓦斯压力下力学和渗透特性,得到了瓦斯压力增加会导致煤岩强度降低,因此导致渗透率的降低。王刚等[20]分别从理论和试验两方面研究瓦斯压力与煤体渗透率之间的关系,并通过试验验证理论,得到渗透率的变化规律。

(3)温度对瓦斯渗流特性的影响。杨新乐等[21,22]通过对原煤的加工,研究煤样试件在50 ℃以下温度不同的情况时煤层气在试件中渗流规律及渗流量,并且对两个参数测定的干扰因素进行了实验研究,但是由于设备的原因不能对温度在50 ℃以上的情况下进行准确的反映;程瑞端等[23]在特定的围压条件下对型煤进行渗流试验,得出了试件渗透系数是与实验环境温度和所施加的围压存在一定的关联,并且通过对实验数据的拟合得到了试件温度与渗透率呈幂函数变化关系(本次试验同样没有超过50 ℃)。张广洋等[24,25]在不同的应力场、温度场、解吸瓦斯和含水率的条件下对南桐煤田的煤样进行了渗透率实验,探讨了这些因素对渗透率有何影响,但由于其所用的试件为型煤,其结构上与原煤存在很大的差别,所以并不能准确地反映现场的实际情况。徐增辉等[26]研究了温度对软岩渗透率系数的影响,得出了以岩石和水为介质的软岩的渗透率系数与温度成正比关系。张玉涛等[27]通过应用压汞法研究了温度与孔隙的关系,通过试验的手段证明了试验孔隙是存在分形的,并且得到了温度与煤孔隙分形维数成正比的关系。于永江等[28]通 ZYS—1 型三轴渗透仪对型煤进行渗流试验研究,探讨温度、轴压、围压对型煤渗透率的影响。许江等[29]通过试验研究了在三轴应力和瓦斯压力的条件下温度对原煤渗透率的影响,结果表明温度与渗透率呈反态关系。

1.2.2　煤体热固气耦合研究现状

在 20 世纪,K. Terzaghi[30]提出了一维固结模型,他认为当流体在多孔介质固体中渗透、流动时,可将两者视为互相耦合作用,并经过大量的研究,建立了三维固结模型。M. A. Biot[31,32]在 K. Terzaghi 研究的基础上,为了探究多孔介质和流体互相作用的机理,进行了大量的假设,如各向同性假设、小变形假设、流体在多孔介质中流动符合 Darcy 定律等假设,为建立较为完善的流固耦合理论打下了基础。J. Litwiniszyn[33]和 S. Valiappan[34]发现瓦斯在煤体中渗流也是一种流体在多孔介质中渗流的现象。赵阳升等[35]为了研究瓦斯沿底板涌出规律,探讨开采对工作面底板和瓦斯抽采的影响,从理论出发通过数学公式推导出瓦斯在煤体中的流动机理,建立了固气耦合理论方程。梁冰等[36]考虑到由于煤体吸附瓦斯后体积增大的因素对煤体本构关系进行了修正,并且建立了随着煤层中瓦斯吸附增加煤体产生变形的数学模型。汪有刚[37]以渗流力学和弹塑性力学为基础,研究了瓦斯与煤层结构之间的相互关系,建立了以有限元法为基础的反映瓦斯在煤层中运移规律的数学模型。杨延毅[38]在研究渗流场与应力场耦合作用时提出了裂隙岩体的渗流损伤耦合分析模型,得出了瓦斯抽放过程钻孔煤体的破坏过程正是应力场与渗流场耦合作用下的破坏物理过程。胡国忠等[39]根据瓦斯在低渗透率煤体的流动特性,建立了低渗透煤体与瓦斯固气耦合动态模型,其模拟瓦斯渗流速度与渗透率数值结果与实验结果基本符合且误差较小。尹光志等[40]在考虑瓦斯吸附膨胀应力、煤体骨架变形和瓦斯压缩性的情况下,建立了含瓦斯煤体固气耦合模型,通过有限元软件得到其数值解,对进一步完善含瓦斯煤体固气耦合理论具有一定的指导意义。

唐春安等[41]通过 RFPA[2D]对含瓦斯煤岩突出机制进行了数值模拟,为煤岩突出预测理论的发展带来全新的方向。徐涛等[42]建立的 RFPA[2D]—Flow 耦合模型是基于煤岩介质损伤过程中透气性的非线性变化特性和其材料的非均匀性特点,应用该模型在考虑瓦斯压力、地应力、材料力学特性等因素的情况下对含瓦斯煤岩突出进行了模拟,再现了裂纹的萌生、扩展、贯通、失稳的全部过程,揭示了在荷载作用下,煤岩介质破裂损伤是非线性的。韩光等[43]对瓦斯突出进行了定量化研究,应用内蕴时间塑性理论建立了流固耦合失稳的模型,并给出煤和瓦斯相互耦合作用的本构关系。

C. Yu 和 X. Xian[44,45]分别利用有限元法和边界单元法实现了对瓦斯渗流的数值模拟。罗新荣[46]、张广洋[47]、胡耀青[48]、孙培德[49]、卢平等[50]主要考虑了 Klinkenberg 效应、孔隙压力、有效应力、吸附膨胀等因素等对瓦斯渗透率的影响,并给出了多种形式的渗透率计算公式。另外,林柏泉[51]、姚宇平[52]、许江[53]、梁冰[54]、卢平[55]、苏承东[56]、尹光志[57]等研究了含瓦斯煤岩的变形特性、力学性能、流变特性等,为研究固气耦合瓦斯流动理论提供了实验依据。

最早研究流体—固体变形耦合现象的是 K. Terzaghi[58],并首先将可变形、饱和的多孔介质中流体的流动作为流动—变形的耦合问题来看待,提出了著名的有效应力的概念,建立了一维固结模型。M. Biot 将 K. Terzaghi 的工作推广到了三维固结问题,并给出了一些经典的、解析型的公式和算例[59-61],奠定了地下流固耦合理论研究的基础,随后将三维固结理论推广到各向异性多孔介质的分析中[62]。

A. Verrujit 进一步发展了多相饱和渗流与孔隙介质耦合作用的理论模型[63],在连续介质力学的系统框架内建立了多相流体运动和变形孔隙介质耦合问题的理论模型。此后,一方面随着社会的发展各行各业对流固耦合力学提出了新的课题,如石油天然气开采、煤矿的煤与瓦斯突出、开采引起的地面沉降等问题;另一方面实验测试和计算机技术的发展也为这些问题提供了解决条件。因此,流固耦合理论的研究得到了长足的发展[64-66]。在油藏工程方面,J. R. Rice[67]、S. K. Wong[68]、A. Settal[69]等在开采机理、热流固耦合理论及工程应用方法等方面做了很多研究工作。R. W. Lewis[70,71]长期致力于石油开采领域的热流固耦合理论研究,发展了以流体孔隙压力、温度和孔隙介质位移作为基本变量的流固耦合模型,并利用该模型分析了流固耦合作用对油气生产的影响。J. Bear[72]研究了地热开采、地下污染物传递中的流固耦合问题。国内王自明[73]、孔祥言等[74]对油藏的热流固耦合作用进行了研究,建立了非完全耦合与完全耦合两类热流固耦合数学模型。在煤矿瓦斯灾害防治工程领域,赵阳升[75,76]、梁冰[77]、刘建军[78,79]、汪有刚[80]、丁继辉[81]、李祥春[82]、尹光志[83]等建立了等温、非等温条件下煤层瓦斯流固耦合模型。周晓军[84]、张玉军[85]、郭永存[86]等将参与耦合的单相流体转向了多相流体的耦合计算,更加真实地反映了各流体之间的相互影响。随着计算机技术的进步,许多学者对流固耦合数学模型进行了多方法的数值求解[87-90],但是对流固耦合力学作用的研究,在目前计算机技术条件下,相对重要的是对物理过程的描述。对于瓦斯吸附膨胀变形与有效应力计算研究方面,自 K. Terzaghi 提出有效应力公式以来,人们已经对其进行了多种形式的修正。A. W. Bishop[91]、陈正汉[92]、徐永福[93]、江伟川[94]提出了不同形式的非饱和土的修正公式,但迄今为止,关于非饱和土有效应力计算公式还缺乏统一认识。在煤层瓦斯流动理论中,I. L. Éttinger[95]和 A. Borisen-ko[96]先后研究了吸附膨胀应力和瓦斯孔隙压力对煤体变形的影响,前者认为影响很大,后者认为影响很小可以忽略,结论截然相反;赵阳升[97]通过试验研究提出了煤层瓦斯有效应力计算修正公式,根据该公式,煤层有效应力随孔隙压力减小而增大,煤层被压缩,孔隙率要变小,渗透率要降低,但实际中孔隙压力降低渗透率增大,即该公式不能直接解释煤粒体积随孔隙压减小、吸附瓦斯解吸、煤粒体积收缩对有效应力的影响;李传亮等[98]提出了双重有效应力的概念和计算公式;J. D. George 等[99]研究了煤粒瓦斯解吸收缩对有效应力和渗透率的影响,但并未给出孔隙压系数的计算公式;吴世跃等[100]根据表面物理化学和弹性力学原理,推导了煤体吸附膨胀变形、吸附膨胀应力及有效应力计算公式,并表明理论计算结果和试验结果基本一致。对于渗透率和孔隙率与固体变形和有效应力的关系研究方面,人们通过广泛的研究,给出了多种形式的计算公式,但还未取得一致认识。林柏泉[101]研究认为,渗透率与孔隙压力呈指数关系;S. Harpalani[102]研究了裂隙网络渗透率和孔隙率与煤基质收缩之间的关系;方恩才等[103]给出了含瓦斯煤有效应力与变形特性之间的关系。

1.2.3 煤岩体热固气耦合流变及损伤理论研究进展

一般而言,大多数的经验模型只对岩石的瞬态蠕变和稳态蠕变阶段进行描述。如吴立新[104]通过对煤岩进行流变试验研究发现,煤岩流变符合对数型经验公式,求出了各级应力水平下煤岩对应的流变经验公式参数集;张学忠[105]基于辉长岩单轴压缩蠕变试验结果,拟合出蠕变曲线的经验公式;S. Okubo[106]等利用伺服控制的刚性试验机测得不同岩石的压缩蠕变全过程曲线,在试验基础上提出了一个反映岩石蠕变破坏全过程的非线性本构模型;芮勇勤[107]根据对露天矿蠕动边坡中软弱夹层流变特性的研究,建立了软弱夹层的流变本构方程;D. M. Cruden[108]将岩石蠕变过程分为减速和加速两个阶段,提出了一个幂函数型的经验方程用以描述减速蠕变和加速蠕变变形;M. Saito[109]、Z. M. Zavodni[110]、D. J. Varnes[111]、C. H. Yang[112]等分别提出了对数及指数型经验方程来描述岩石加速蠕变阶段;G. Fernandez[113]、W. R. Wawersik[114]、M. Haupt[115]等提出了指数型经验方程用以描述岩盐的蠕变和松弛现象;K. Shin 等[116]利用幂函数经验型方程描述了六种岩石的蠕变变形及强度特征;R. K. Dubey 等[117]根据实验结果提出了一种指数型经验函数,成功地描述了结构各向异性对岩石蠕变的影响;P. Bérest[118]等提出了一个指数与幂函数相结合的经验型方程用于描述岩石的极缓慢蠕变过程。

由于岩石材料力学行为的非线性特征,于是发展了一些非线性流变元件模型理论,即通过将线性元件用非线性元件代替,从而采用与其他黏性和塑性元件的串并联组合得到的新的非线性流变元件模型。具有代表性的有孙均[119]就岩石非线性流变理论作了探讨;曹树刚等[120,121]将西原模型与塑性体并联的牛顿黏滞体用非牛顿体黏性元件代替,建立了一种改进的西原模型;邓荣贵等根据岩石加速蠕变阶段的力学特性,提出了一种新的综合流变力学模型[122];韦立德等根据岩石黏聚力在流变中的作用建立了新的一维黏弹塑性本构模型[123];陈沅江等提出了蠕变体和裂隙塑性体两种非线性元件,建立了一种可描述软岩的新的复合流变力学模型[124,125];张向东等基于泥岩的三轴蠕变试验结果,建立了泥岩的非线性蠕变方程,并以此分析了围岩的应力场和位移场[126];王来贵[127]以改进的西原正夫模型为基础,建立了参数非线性蠕变模型;杨彩红等[128]采用负弹性模量和非理想黏滞体模型,提出了一种改进的蠕变模型;尹光志等[129]根据实验结果提出了含瓦斯煤岩的蠕变模型,并进行了实验验证;G. N. Boukharov等[130]提出了一种具有一定质量的、能反映岩石变形膨胀的黏壶元件,建立了能反映不同蠕变阶段变形的非线性蠕变模型,并据此预测了岩石的长期强度和蠕变破坏时间;B. Ladanyi 等[131]、N. D. Cristescu 等[132,133]、F. Pellet 等[134]分别建立了能反映岩石流变行为的黏塑性本构模型;D. Sterpi 等[135]利用非关联流动法则建立了能反映岩石体积膨胀的弹黏塑性流变模型;S. Nomura 等[136]建立了能反映煤岩流变特性的黏弹性模型;P. N. Chopra[137]提出了能反映岩石高温条件下瞬态蠕变变形的黏弹性模型;P. Xu 等[138]利用黏弹性模型分析了高边坡岩体的长期稳定性,并结合工程实践证实了模型的合理性;Z. Tomanovic[139]建立了适用于软岩的流变本构模型。

张学忠[140]和宋飞[141]等建立的就是这类流变模型。还有一种是基于经典弹塑或弹黏塑性理论建立起来的流变模型,如 S. H. Chen[142]、J. Jin[143]、M. Nicolae[144]、I. P. Munteanu[145]、D. Grgic[146]等建立的就是这类模型,而且这类模型在工程数值分析中应用较多。在外载和环境的作用下,由于细观结构的缺陷(如微裂纹、微孔洞等)引起的材料或结构的恶化过程,称为损伤。L. M. Kachanov[147,148]在 1958 年研究蠕变断裂时最初提出了"连续性因子"的概念。Y. N. Rabotnov[149,150]1963 年在 L. M. Kachanov 的研究基础上做了进一步推广,提出了"损伤因子"的概念,为损伤力学奠定了基础。后经 J. Lemaitre[151,152]、J. L. Chaboche[153,154]、D. Krajcinovic[155-157]等学者的努力,逐渐形成了损伤力学这门新的学科。损伤力学的研究方法根据其研究尺度可以分为微观方法、细观方法与宏观方法。

国外学者 An-Zeng Hua 等[158]进行了一系列关于矿井中页岩、石灰岩以及煤体等的卸围压实验,通过实验得出,煤岩体在围压减小的过程中释放了大量的应变能量而导致损伤的产生,可以观察到明显的变形发生在卸载围压的方向上。M. C. He 等[159]也进行了试验研究,想探索石灰岩开采破裂过程和其声发射特性,他们主要是通过真三轴卸荷条件进行研究。L. Cantieni 等[160]通过改变应力加载途径来研究巷道两边片帮产生的变化。G. Wu 等[161]不仅仅对开采扰动进行了精确的定义,同时针对岩石在卸载过程中遭到破坏的特性进行了研究。C. D. Martin 等[162]通过脆性岩石强度改变的影响因素,并对内聚力和应力发生的途径这两个影响因素做了具体分析。国内学者李新平等[163]在岩体的裂缝损伤和断裂性能研究中也有发现,提出比较新颖的看法,将损伤力学和断裂力学结合起来进行特性分析,给出岩体在宏观条件下损失张量的定义,同时也对岩体损伤时的应变进行了定义,并建立了模型研究在等效连续条件下岩体的损伤断裂。周小平等[164]在研究连续节理岩体局部变形问题和压应力作用下的应力应变问题时,采用了细观力学法进行研究,在变量热力学理论和裂纹孤立理论的支撑下得到实验结果。吴刚等[165]主要研究了发生破坏时类岩体材料的声发射特性,试验主要在损伤力学理论的基础上对比卸载压力作用在材料上声发射的变化进行分析。梁冰等[166]在含瓦斯煤的条件下进行了三轴压缩试验,用来研究其孔隙瓦斯压力和煤的弹性模量、残余强度和峰值强度之间的关系,实验结果表明,煤的脆性程度随着瓦斯压力的减小而减小,实验结果还证实了孔隙瓦斯的力学作用对煤体形状和强度的影响,吸附瓦斯的非力学作用通过改变煤的本构关系来影响煤体的形状和强度。尹光志等[167]认为煤体引起变形发生时力学性能变化的主要原因是孔隙瓦斯压力,而吸附瓦斯的非力学作用对整个煤体的影响会随着瓦斯压力的增加而变大。肖福坤等[168-177]针对煤体破裂过程中瓦斯移动规律、煤体固热气耦合理论模型和瓦斯抽放钻孔稳定性问题进行了研究。总体来说,学者们多数是建立在煤岩是各向同性的均质材料的基础上进行的研究,跟实际情况并不完全相符。在实际中煤岩体属于各向异性的非均质材料,含有复杂的节理裂隙,所以在进行研究时应考虑煤体的非均质性和节理裂隙复杂性。

综上所述,前人对瓦斯流动特征、固液气耦合特征开展了大量的研究,取得了许多有益的研究成果,但对于破坏过程中瓦斯的流动研究还未有报道。

1.3　本书研究内容

学者们针对岩石热流固耦合问题已经开展了多年的研究,并且取得了大量的成果;但是,在岩石热流固机理和理论研究方面尚未形成完整的系统和体系,在工程领域应用成果较少。本书的目的在于通过理论分析、室内实验和数值模拟,以弹塑性力学、流体力学、热力学等理论为基础,建立了煤体孔隙率和渗透率数学模型。综合考虑瓦斯压力、主应力、温度对瓦斯与煤体的影响,建立了煤体应力场、渗流场、温度场数学方程,并通过各个变量把它们联系起来,根据实际情况分别给出了煤体应力场、渗流场、温度场的边界条件和初始条件,建立煤体热固气耦合数学模型,成果能够丰富和完善热流固耦合问题。因此,作者在前人研究的基础上,拟围绕以下几个方面开展探索和研究。

(1) 根据煤岩体在实际的煤矿开采过程中,循环应力会对煤岩体产生一系列力的作用,在实验室通过在煤体上循环地加载和卸载应力的过程,来进一步验证煤体在该作用下产生的变形情况,主要得出以下结论:

① 循环应力被施加在煤体上时,加载应力的曲线与卸载应力的曲线并不会重合在一起,而是会形成一个封闭的滞回环;一般开始时的循环加载过程,塑性滞回环围成的面积变化的幅度很大,而在经过许多次的循环后,其面积基本保持不变;当不断地循环时,煤体的塑性滞回环曲线会变得越来越紧密;加载一般分为两个阶段,产生煤体的疲劳损耗,包括应力产生应变的速度增加阶段和保持稳定阶段;塑性和弹性变形是煤体变形的主要方式,随着循环次数的不断增加,煤体内部也随着循环应力的不断增加由开始的弹性变形慢慢产生新的裂隙并不断扩展,直至发生破坏。

② 整个循环应力加载过程中,循环次数的增加,会使得煤体的弹性模量降低,这一情况在刚开始时尤为明显;煤体达到载荷极限之前,其弹性模量减少的速度会越来越小,最后保持不变。随着围压的增大,由于轴向应力的增大,煤体破裂时所需的循环次数也在不断增加。

③ 煤体受到的轴向应力会产生轴向、径向以及体积的应变,当加载的应力不断增大时,三个应变都会随之增大,前几次循环施加在煤体上的应力产生的应变增加得最多,经过不断循环之后会逐渐稳定;同等情况下煤体在达到应变稳定时需要的循环载荷的次数是一定的,而当围压不断提高时,相应所需的循环次数也会增加。

(2) 利用热气固三轴伺服渗流特性实验装置研究了不同温度、不同瓦斯压力、不同有效应力条件下的煤体渗透规律以及全应力—应变过程中煤体渗透特性变化,取得了如下研究成果:

① 在渗流试验中调节瓦斯压力和温度至定值,有效应力对渗透率有着重要的影响,两者呈指数函数变化,渗透率随有效应力的增大而降低;保持瓦斯压力和有效应力不变,升高试验温度,渗透率呈负指数函数关系减小;保持有效应力和温度不变,渗透率和瓦斯压力呈二次函数变化关系,瓦斯压力逐渐升高时,煤体渗透率先急剧下降,当瓦斯压力施加到一定值以后,渗透率不再急剧下降,而是慢慢变得平稳。

② 研究不同瓦斯压力下全应力—应变过程中煤体渗透特性变化以及体积应力对渗透率的影响。试验结果表明:煤体应力—应变的变化特征以及体积应力对渗透率的影响可分为五个不同阶段,分别为刚开始的初始压密阶段、线弹性

阶段,随着继续加载煤体进入屈服变形阶段,最后到达应力跌落阶段和应变软化及残余应力阶段。当煤体受外力作用下处在压密及线弹性阶段时,煤体渗透率随着体积应力的增大会产生小小的波动,即先轻微下降然后出现直线下降的趋势;当进入线弹性阶段末期,渗透率为最小值;当煤体到达塑性变形阶段时,随着体积应力的增大,煤体渗透率逐渐上升,在塑性阶段的后期体积应力已到达最大值,煤体中渗透率到达了顶峰;当试件处于应力跌落阶段后,试件所承受的体积应力没有继续增大,而是突然向下跌落,渗透率却有明显的上升趋势;随着继续加载,试件进入应变软化和残余应力阶段,煤体体积应力的下降趋势变缓慢,煤体渗透率的增加趋势也逐渐变缓。

(3)根据实际情况下瓦斯在煤体中的流动情况,以弹塑性力学、流体力学、热力学等理论为基础,建立了煤体孔隙率和渗透率数学模型;综合考虑瓦斯压力、主应力、温度对瓦斯与煤体的影响,建立了煤体应力场、渗流场、温度场数学方程,并通过各个变量把它们联系起来,根据实际情况分别给出了煤体应力场、渗流场、温度场的边界条件和初始条件,建立煤体热固气耦合数学模型。

(4)通过所建立的煤体应力场、渗流场与温度场数学模型和试验所测得的物理参数为基础,通过 COMSOL Multiphysics 软件对煤体渗流特性进行了数值模拟研究,得到的结论如下:

① 随着三轴主应力和瓦斯压力的施加,煤体被逐渐压缩,煤体内部原始的孔隙和微裂隙逐渐闭合,煤体被压密,渗流通道逐渐变小,因此渗透率降低;随着瓦斯从进口端渗透进入煤体,煤体开始吸附瓦斯,导致了瓦斯压力从顶端到底端逐渐降低,同时由于煤体内部孔隙和节理开始吸附瓦斯,发生内膨胀效应,因此导致了煤体孔隙率和渗透率的变化;有效应力从煤体的顶端往下端逐渐减小并趋于均匀分布,瓦斯渗流速度从顶端到底端逐渐降低。

② 在不同瓦斯压力作用下,煤体 yz 截面渗透率随着瓦斯压力的升高却降低,且从顶端到底端的降低幅度逐渐变缓。

③ 通过 Matlab 计算得到煤体在不同瓦斯压力、不同主应力、不同温度作用下渗透率曲面图。研究结果表明:保持主应力和温度不变,渗透率和瓦斯压力呈二次函数变化关系,当瓦斯压力逐渐升高时,渗透率下降趋势先逐渐变快然后变得平稳;保持瓦斯压力和温度恒定,瓦斯压力逐渐升高时,渗透率先急剧下降,继续给煤体施加瓦斯压力以后,渗透率不再急剧下降而是慢慢变得平稳;在瓦斯压力和主应力一定下,渗透率随温度的升高呈降低趋势。

(5)通过实验室实验研究了以下几方面的内容:

① 通过改变瓦斯抽放钻孔的仰角来实现改变钻孔受力状态的方法研究了钻孔在受到与钻孔轴线呈一定夹角的载荷作用下钻孔的破坏。实验结果表明,

随着瓦斯抽放钻孔仰角的改变,瓦斯钻孔最先发生破坏的区域没有发生变化,始终是在钻孔水平边界处,当钻孔发生破坏后,在水平钻孔边界处产生裂缝,分别向上下 63°(煤样尖角)方向扩展,最终形成剪切滑移破坏。

② 煤样水平钻孔周围分布不同方向裂隙时钻孔的破坏方式也不相同。如果钻孔边界有倾斜方向的裂隙,在受压破坏过程中与竖直方向的夹角在 35°～50°之间的裂隙会首先扩展,随后是竖直方向的裂隙,水平方向的裂隙不能发生扩展,在挤压之下,会形成剥落离层。在煤样受力过程中,与竖直方向呈一定夹角的倾斜方向以剪应力为主,竖直方向以拉应力为主,水平方向以压应力为主,实验结果验证了煤样的剪切强度小于抗拉强度小于抗压强度这一规律。

③ 通过数值模拟研究了不同瓦斯抽放钻孔仰角情况下钻孔周围的应力变化情况。结果显示,随着钻孔仰角的不断增大,钻孔煤样的整体应力值有所上升,钻孔周围的最大应力值逐渐减小,而最小应力值却增大,钻孔煤样内部的应力分布大小差距减小,钻孔的受力情况更趋于稳定。

④ 瓦斯抽采钻孔的倾斜角度在 30°～45°时钻孔周围塑性区变化明显,在钻孔的倾斜方向则会出现"羊角"形的塑性区,而且随着倾斜角度的不断增大塑性区面积会有所增大,"羊角"的形状会更加尖锐突出。

⑤ 受水平应力的影响,在水平侧压系数不同的情况下钻孔周围的应力及塑性区会发生较大变化。随着侧压系数从 0～1 的增加过程中瓦斯抽放钻孔周围的应力环境趋于更加稳定,更不容易发生破坏。随着侧压系数的不断增大,钻孔周围的塑性区逐渐减小,而且塑性区逐渐由 X 形分布变成围绕钻孔周围的环形分布,破坏形式由 X 形剪切破坏变成压缩破坏。

本章参考文献

[1] DOREMUS M. A constitutive theory for the inelastic behaviour of rock [J]. Mechanics of Materials,1978,4:67-93.

[2] 刘先贵,刘建军.降压开采对低渗储层渗透性的影响[J].重庆大学学报,2000,23(增):93-96.

[3] 李祥春,郭勇义,吴世跃.煤吸附膨胀变形与孔隙率、渗透率关系的分析[J].太原理工大学学报,2005,36(3):264-266.

[4] 卢平,沈兆武,朱贵旺,等.岩样应力应变全过程中的渗透性表征与试验研究[J].中国科学技术大学学报,2002,32(6):678-684.

[5] 李春光,王水林,郑宏,等.多孔介质孔隙率与体积模量的关系[J].岩土力学,2007,28(2):293-296.

[6] 姜德义,张广洋,胡耀华,等.有效应力对煤层气渗透率影响的研究[J].重庆大学学报,1997,20(5):22-25.

[7] 唐巨鹏,潘一山,李成全,等.有效应力对煤层气解吸渗流影响试验研究[J].岩石力学与工程学报,2006,25(8):1564-1567.

[8] 贺玉龙,杨立中.温度和有效应力对砂岩渗透率的影响机理研究[J].岩石力学与工程学报,2005,24(14):2420-2426.

[9] 曾平,赵金洲,李治平,等.温度、有效应力和含水饱和度对低渗透砂岩渗透率影响的实验研究[J].天然气地球科学,2005,16(1):31-34.

[10] 代平,孙良田,李闵.低渗透砂岩储层孔隙度渗透率与有效应力关系研究[J].天然气工业,2006,26(5):93-95.

[11] 康毅力,张浩,游利军,等.致密砂岩微观孔隙结构参数对有效应力变化的响应[J].天然气工业,2007,27(3):46-48.

[12] 闫铁,李玮,毕雪亮.基于分形方法的多孔介质有效应力模型研究[J].岩土力学,2010,31(8):2625-2629.

[13] 尹光志,李文璞,李铭辉.加卸载条件下原煤渗透率与有效应力的规律[J].煤炭学报,2014,39(8):1497-1503.

[14] 薛培,郑佩玉,徐文君.有效应力对不同阶煤渗透率影响的差异性分析[J].科技导报,2015,33(2):69-73.

[15] 谷达圣,鲜学福,周军平.有效应力和不同气体对煤的渗透性影响分析[J].地下空间与工程学报,2012,8(6):1296-1301.

[16] 尹光志,李小双,赵洪宝,等.瓦斯压力对突出煤瓦斯渗流影响试验研究[J].岩石力学与工程学报,2009,28(4):697-702.

[17] 曹树刚,郭平,李勇,等.瓦斯压力对原煤渗透特性的影响[J].煤炭学报,2010,35(4):595-599.

[18] 黄启翔.瓦斯压力对煤岩材料全应力—应变过程瓦斯渗透特性的影响[J].材料导报,2010,24(8):80-83.

[19] 李佳伟,刘建锋,张泽天,等.瓦斯压力下煤岩力学和渗透特性探讨[J].中国矿业大学学报,2013,42(6):954-960.

[20] 王刚,程卫民,郭恒,等.瓦斯压力变化过程中煤体渗透率特性的研究[J].采矿与安全工程学报2012,29(5):735-745.

[21] 杨新乐,张永利,李成全,等.考虑温度影响下煤层气解吸渗流规律试验研究[J].岩土工程学报,2008,30(12):1811-1814.

[22] 杨新乐,张永利.气固耦合作用下温度对煤瓦斯渗透率影响规律的实验研究[J].地质力学学报,2008,14(4):374-379.

[23] 程瑞端,陈海焱,鲜学福,等.温度对煤样渗透系数影响的实验研究[J].煤炭工程师,1998,01:13-17.

[24] 张广洋,胡耀华,姜德义.煤的瓦斯渗透性影响因素的探讨[J].重庆大学学报,1995,18(3):27-30.

[25] 张广洋,胡耀华,姜德义,等.煤的渗透性实验研究[J].贵州工学院学报,1995,24(4):65-68.

[26] 徐增辉,刘光廷,叶源新,等.温度对软岩渗透系数影响[J].中国矿业大学学报,2009,38(4):523-527.

[27] 张玉涛,王德明,仲晓星.煤孔隙分形特征与其随温度的变化规律[J].煤炭科学技术,2007,35(11):73-76.

[28] 于永江,张华,张春会,等.温度及应力对成型煤样渗透性的影响[J].煤炭学报,2013,38(6):936-941.

[29] 许江,张丹丹,彭守建.三轴应力条件下温度对原煤渗流特性影响的实验研究[J].岩石力学与工程学报,2011,30(9):1848-1853.

[30] TERZAGHI K. Theoretical soil mechanics[M]. NewYork:John Wiley and Sons Inc,1943.

[31] BIOT M A. General theory of three dimensional consolidation[J]. J. Appl. Phys,1941,12(5):155-164.

[32] BIOT M A. General solution of the equation of elasticity and consolidation for a porous material[J]. Appl. Mech,1956,27(3):91-96.

[33] LITWINISZYN J. A model for the initiation of coal-gas outbursts[J]. Int. J. Rock Mech. Min. Sci. Geomech. Abstr,1985,22(1):39-46.

[34] VALLIAPPAN S,ZHANG W H. Numerical modeling of methane gasmigration in dry coal seams[J]. International Journal for Numerical and Analytical Methods in Geomechanics,1996,20(8):571-593.

[35] 赵阳升.煤体—瓦斯耦合数学模型及数值解法[J].岩石力学与工程学报,1994,13(3):229-239.

[36] 梁冰,章梦涛,王泳嘉.煤层瓦斯渗流与煤体变形的耦合数学模型及数值解法[J].岩石力学与工程学报,1996,15(2):135-142.

[37] 汪有刚,刘建军,杨景贺,等.煤层瓦斯流固耦合渗流的数值模拟[J].煤炭学报,2001,26(3):286-289.

[38] 杨延毅.裂隙岩体的渗流损伤耦合分析模型及其工程应用[J].水力学报,1991(5):19-35.

[39] 胡国忠,许家林,王宏图,等.低渗透煤与瓦斯的固-气动态耦合模型及数值

模拟[J].中国矿业大学学报,2011,40(1):1-6.

[40] 尹光志,王登科,张东明,等.含瓦斯煤岩固气耦合动态模型与数值模拟研究[J].岩土工程学报,2008,30(10):1430-1436.

[41] 唐春安,芮勇勤,刘红元,等.含瓦斯"试样"突出现象的 RFPA2D 数值模拟[J].煤炭学报,2000,25(5):501-505.

[42] 徐涛,郝天轩,唐春安,等.含瓦斯煤岩突出过程数值模拟[J].中国安全科学学报,2005,15(1):106-110.

[43] 韩光,孙志文,董蕴珩.煤与瓦斯突出固气耦合方法研究[J].辽宁工程技术大学学报,2005,24(增):20-22.

[44] YU C,XIAN X. Analysis of gas seepage flow in coal beds with finite element method[A]//Symposium of 7th international conference of FEM in flow problems[C]. Huntsvill,USA,1989.

[45] YU C,XIAN X. A boundary element method for inhomogeneous medium problems[A]//Proceedings:2nd world congress on computational mechanics[C]. Stuttgart,FRG. 1990.

[46] 罗新荣.煤层瓦斯运移物理与数值模拟分析[J].煤炭学报,1992,17(2):49-55.

[47] 张广洋.煤的结构与煤的瓦斯吸附、渗流特性研究[D].重庆:重庆大学,1995.

[48] 胡耀青,赵阳升,魏锦平,等.三维应力作用下煤体瓦斯渗透规律实验研究[J].西安矿业学院学报,1996,16(4):308-311.

[49] 孙培德,凌志仪.三轴应力作用下煤渗透率变化规律实验[J].重庆大学学报,2000,23(增):28-31.

[50] 卢平,沈兆武,朱贵旺,等.岩样应力应变全过程中的渗透性表征与试验研究[J].中国科学技术大学学报,2002,32(6):678-684.

[51] 林柏泉,周世宁.含瓦斯煤体变形规律的实验研究[J].中国矿业学院学报,1986,15(3):67-72.

[52] 姚宇平,周世宁.含瓦斯煤的力学性质[J].中国矿业大学学报,1988,17(1):1-7.

[53] 许江,鲜学福,杜云贵,等.含瓦斯煤的力学特性的实验分析[J].重庆大学学报,1993,16(5):42-47.

[54] 梁冰,章梦涛,潘一山,等.瓦斯对煤的力学性质及力学响应影响的试验研究[J].岩土工程学报,1995,17(5):12-18.

[55] 卢平,沈兆武,朱贵旺,等.含瓦斯煤的有效应力与力学变形破坏特性[J].

中国科学技术大学学报,2001,31(6):686-693.

[56] 苏承东,翟新献,李永明,等,煤样三轴压缩下变形和强度分析[J].岩石力学与工程学报,2006,supp.1:2963-2968.

[57] 尹光志,王登科,张东明,等.两种含瓦斯煤样变形特性与抗压强度的实验分析[J].岩石力学与工程学报,2009,28(2):410-417.

[58] TERZAGHI K. Theoretical soil Mechanics[M]. New York,Wiley,1943.

[59] BIOT M A. General theory of three-dimension consolidation[J]. J. Appl. Phys. 1941,(12):155-164.

[60] BIOT M A. Theory of elasticity and consolidation for a porous anisotropic solid[J]. J. Appl. Phys. 1954,(26):182-191.

[61] BIOT M A. General solution of the equation of elasticity and consolidation for porous material[J]. J. Appl. Mech. 1956,(78):91-96.

[62] BIOT M A. Theory of deformation of porous viscoelastic anisotropic solid [J]. J. Appl . Phys. 1956,27(5):203-215.

[63] VERRUJIT A. Elastic storage of aquifers[A]//Flow Through Porous Media[C]. R J M,New York,Tiho Wiley,1969:5-65.

[64] 董平川,徐小荷,何顺利.流固耦合问题及研究进展[J].地质力学学报,1999,5(1):17-26.

[65] 孙培德,鲜学福.煤层瓦斯渗流力学的研究进展[J].焦作工学院报(自然科学版),2001,20(3):161-167.

[66] L JINGO J. Numerical methods in rock mechanics[J]. Civil Zone International Journal of Rock Mechanics & Mining Sciences,2002(39):409-427.

[67] RICE J R,MICHAEL P CLEARY. Some basic stress diffusion solutions for fluid saturated elastic porous media with compressible constituents [J]. Rev Geophysics and Space Physics,1976,14(2):227-241.

[68] WONG S K. Analysis and implications of inset stress changes during steam stimulation of cold lake oil sands[J]. SPE Reservoir Engineering,1988:55-61.

[69] SETTAL A,PUCHYR P J,etc. Partially decoupled modeling of hydraulic fracturing processes[J]. SPE Production Engineering,1990:37-44.

[70] LEWIS R W. Finite element modeling of two-phase heat and fluid flow in deforming porous media[J]. Trans Porous Media,1989,4:319-334.

[71] LEWIS R W,SUKIRMAN Y. Finite element modeling of three phase flow in deforming saturated oil reservoirs[J]. Int. J Nun Anal Methods

Geoech,1993,17:577-598.

[72] BEAR J. Academic Flow and Contaminant Transport in Fractured Rock [M]. San Dieo:PrInc. 1993.

[73] 王自明. 油藏热流固耦合模型研究及应用初探[D]. 成都:西南石油学院,2002.

[74] 孔祥言,李道伦,徐献芝,等. 热-流-固耦合渗流的数学模型研究[J]. 水动力学研究与进展,2005,20(2):269-275.

[75] 赵阳升. 煤体-瓦斯耦合数学模型及数值解法[J]. 岩石力学与工程学报,1994,13(3):229-239.

[76] ZHAO YANGSHENG. New advances block-fractured medium rock fluid mechanics[A]//Proceedings of Int. Symp on Coupled Phenomena in Civil, Mining & Petroleum Engineering [C]. Sanya, Hainan, China. Nov. 1999.

[77] 梁冰,章梦涛,王永嘉. 煤层瓦斯渗流于煤体变形的耦合数学模型及其数值解法[J]. 岩石力学与工程学报,1996,15(2):135-142.

[78] 刘建军,刘先贵. 煤储层流固耦合渗流的数学模型[J]. 焦作工学院学报,1999,18(6):397-401.

[79] 刘建军. 煤层气热-流-固耦合渗流数学模型[J]. 武汉工业学院学报,2002(2):91-94.

[80] 汪有刚,刘建军,杨景贺,等. 煤层瓦斯流固耦合渗流的数值模型[J]. 煤炭学报,2001,26(3):285-289.

[81] 丁继辉,麻玉鹏,李凤莲. 有限变形下固流多相介质耦合问题的数学模型及失稳条件[J]. 水利水电技术,2004(11):18-21.

[82] 李祥春,郭勇义,吴世跃,等. 考虑吸附膨胀应力影响的煤层瓦斯流-固耦合渗流数学模型及数值模拟[J]. 岩石力学与工程学报,2007,26(增 1):2743-2748.

[83] 尹光志,王登科,张东明,等. 含瓦斯煤岩固气耦合动态模型与数值模拟研究[J]. 岩土工程学报,2008,30(10):1430-1436.

[84] 周晓军,宫敬. 气-液两相瞬变流的流固耦合研究[J]. 石油大学学报,2002,26(5):123-126.

[85] 张玉军. 气液二相非饱和岩体热-水-应力耦合模型及二维有限元分析[J]. 岩土工程学报,2007,29(6):901-906.

[86] 郭永存,王仲勋,胡坤. 煤层气两相流阶段的热流固耦合渗流数学模型[J]. 天然气工业,2008,28(7):73-74.

[87] 董平川,徐小荷.储层流固耦合的数学模型及其有限元方程[J].石油学报,1998,19(1):33-37.

[88] TIM DOUGLAS J R. Finite difference methods for two-phase Incompressible flow in porous media[J]. Siam J Numer Anal,1983,20(4):681-696.

[89] MOKHTAR KIRANE,SAID KOUACHL. Global slutions to a system of strongly coupled reaction diffusion equations[J]. Nonlinear Analysis:Theory,Methods and Applications,1996,26(8):1387-1396.

[90] LASSEUX,MICHEL QULNTARD. Determination of permeability tensor of two phase flow in homogeneous porous medial[J]. Theory. Transport In Porous Media,1996(24):107-137.

[91] BISHOP A W,MORGENSTERN N R. Stability coefficient for earth slope[J]. Geotechnique,1960,10(4):129-147.

[92] 陈正汉,等.非饱和土的有效应力探讨[J].岩土工程学报,1994,16(3):62-69.

[93] 徐永福.我国膨胀土分形结构的研究[J].海河大学学报,1997,25(1):18-23.

[94] 江伟川,南亚林.与孔隙水形态有关的非饱和土有效应力公式及其参数的定量[J].岩土工程技术,2003,(1):1-4.

[95] ÉTTINGER I L. Swelling stress in the gas-coal system as an energy source in the development of gas burst[J]. Soviet Mining Science 1979,15(5):494-501.

[96] BORISENKO A. Effect of Gas Pressure in Coal strata[J]. Soviet Mining Science,1985,21(5):88-91.

[97] 赵阳升,胡耀庆.孔隙瓦斯作用下煤体有效应力规律的试验研究[J].岩土工程学报,1995,(3):26-31.

[98] 李传亮,孔祥言,徐献芝,等.多孔介质的双重有效应力[J].自然杂志,1999,21(5):288-292.

[99] GEORGE J D,BARKAT M A. The change in effective stress associated with shrinkage from gas desorption in coal[J]. International Journal of Coal Geology,2001,45:105-113.

[100] 吴世跃,赵文.含吸附煤层气煤的有效应力分析[J].岩石力学与工程学报,2005,24(10):1674-1678.

[101] 林柏泉,周世宁.煤样瓦斯渗透率的实验研究[J].中国矿业学院学报,

1987,16(1):21-28.

[102] HARPALANI S,GUOLI CHEN. Estimation of changes in fracture porosity of coal with gas emission[J]. Fuel,1995,74(10):1491-1494.

[103] 方恩才,沈兆武,朱贵旺,等.含瓦斯煤的有效应力与力学变形破坏特征[J].中国科技大学学报,2001,31(6):686-693.

[104] 吴立新,王金庄,孟胜利.煤岩流变模型与地表二次沉陷研究[J].地质力学学报,1997,3(3):29-35.

[105] 张学忠,王龙,张代钧,等.攀钢朱矿东山头边坡辉长岩流变特性试验研究[J].重庆大学学报(自然科学版),1999,22(5):99-103.

[106] OKUBO S,NISHIMATSU Y,FUKUI K. Complete creep curves under uniaxial compression[J]. Int. J. Rick Mech. Min. Sci. & Geomech. Ahstr,1991,28(1):77-82.

[107] 芮勇勤,徐小荷,马新民,等.露天煤矿边坡中软弱夹层的蠕动变形特性分析[J].东北大学学报,1999,20(6):612-614.

[108] CRUDEN D M. A technique for estimating the complete creep curve of a sub-bituminous coal under uniaxial compression[J]. Int. J. Rock Mech. Min. Sci. & Geomech. Abstr. 1987,24(4):265-269.

[109] SAITO M. Semi logarithmic representation for forecasting slope failure [A]. Proceedings 3rd International Symposium on Landslides[C],New Dehli,1980,1:321-324.

[110] ZAVODNI Z M,BROADBENT C D. Slope failure kinematics[J]. Bulletin Canadian Institute of Mining,1980,73:69-74.

[111] VARNES D J. Time-deformation relation in creep to failure of earth materials[A]//Proceedings, 7th South East Asian Geotechnical Conferrence[C],1983,2:107-130.

[112] YANG C H,DAEMEN J J K,YIN J H. Experimental investigation of creep behavior of salt rock [J]. Int. J. Rock Mech. Min. 1999, 36:233-242.

[113] FERNANDEZ G,HENDRON A J. Interpretation of a long-term in situ borehole test in a deep salt formation[J]. Bull. of the Ass. of Eng. Geol. 1984,21:23-38.

[114] WAWERSIK W R,HERRMANN W,MONTGOMERY S T,LAUSON H S. Excavation design in rock salt-laboratory experiments, material modeling and validations[A]//Proc. ISRM-Symp. Aachen[C], 1984,

1345-1356.

[115] HAUPT M. A constitutive law for rock salt based on creep and relaxation tests[J]. Rock Mechanics and Rock Engineering,1991,24:179-206.

[116] SHIN K,OKUBO S,FUKUI K,HASHIBA K. Variation in strength and creep life of six Japanese rocks[J]. Int. J. Rock Mech. Min. 2005,42:251-260.

[117] DUBEY R K,GAIROLA V K. Influence of structural anisotropy on creep of rocksalt from Simla Himalaya,India:An experimental approach [J]. J. Struct. Geol,2008,30:710-718.

[118] BÉREST P,ANTOINE P A,CHARPENTIER J P,GHARBI H,VALES F. Very slow creep tests on rock samples[J]. Int. J. Rock Mech. Min. , 2005,42:569-576.

[119] 孙均. 岩土材料流变及其工程应用[M]. 北京:中国建筑工业出版社,1999.

[120] 曹树刚,边金,李鹏. 软岩蠕变试验与理论模型分析的对比[J]. 重庆大学学报,2002,25(7):96-98.

[121] 曹树刚,边金,李鹏. 岩石蠕变本构关系及改进的西原正夫模型[J]. 岩石力学与工程学报,2002,21(5):632-634.

[122] 邓荣贵,周德培,张悼元,等. 一种新的岩石流变模型[J]. 岩石力学与工程学报,2001,20(6):780-784.

[123] 韦立德,徐卫亚,朱珍德,等. 岩石粘弹塑性模型的研究[J]. 岩土力学,2002,23(5):583-586.

[124] 陈沅江,潘长良,曹平,等. 软岩流变的一种新力学模型[J]. 岩土力学,2003,24(2): 209-214

[125] 陈沅江,潘长良,曹平,等. 一种软岩流变模型[J]. 中南工业大学学报(自然科学版),2003,34(1):16-20.

[126] 张向东,李永靖,张树光,等. 软岩蠕变理论及其工程应用[J]. 岩石力学与工程学报,2004,23(10):1635-1639.

[127] 王来贵,何峰,刘向峰,等. 岩石试件非线性蠕变模型及其稳定性分析[J]. 岩石力学与工程学报,2004,23(10):1640-1642.

[128] 杨彩红,毛君,李剑光. 改进的蠕变模型及其稳定性[J]. 吉林大学学报(地球科学版),2008,38(1):92-97.

[129] 尹光志,王登科,张东明,等. 含瓦斯煤岩三维蠕变特性及蠕变模型研究[J]. 岩石力学与工程学报,2008,27(增刊1):2631-2636.

[130] BOUKHAROV G N,CHANDA M W,BOUKHAROV N G. The three processes of brittle crystallinerock creep[J]. Int. J. Rock Mech. Min. Sci&.Geomech. Abstr. 1995,32(4):325-335.

[131] LADANYI B. Time-dependent response of rock around tunnels[A]// HUDSON J A. Comprehensive rock engineering[C]. 1993,2:78-112.

[132] CRISTESCU N D, GIODA G. Visco-plastic behavior of geomaterials [M]. CISM Courses and Lectures,1994:350.

[133] CRISTESCU N D, HUNSCHE U. Time effects in rock mechanics[M]. Wiley & Sons,1998.

[134] PELLET F,HAJDU A,DELERUYELLE F,BESNUS F. A visco-plastic model including anisotropic damage for the time dependent behavior of rock[A]//J. Numer. Anal. Meth. Geomech[C]. 2005,29:941-970.

[135] STERPI D,GIODA G. Visco-plastic behavior around advancing tunnels in squeezing rock[J]. Rock Mech. Rock Engng,2007,12:250-255.

[136] NOMURA S,KATO K,KOMAKI I,FUJIOKA Y,SAITO K,YAMAO-KA I. Viscoelastic properties of coal in the thermoplastic phase[J]. Fuel,1999,78:1583-1589.

[137] CHOPRA P N. High-temperature transient creep in olvine rocks[J]. Tectonophysics,1997,279:93-111.

[138] XU P,YANG T Q,ZHOU H M. Study of the creep characteristics and long-term stability of rock masses in the high slopes of the TGP ship lock,China[J]. Int. J. Rock Mech. Min. Sci. 2004,41(3):1-11.

[139] TOMANOVIC Z. Rheological model of soft rock creep based on the tests on marl[J]. Mech. Time-Depend Mater,2006,10:135-154.

[140] 张学忠,王龙,张代钧,等.攀钢朱矿东山头边坡辉长岩流变特性试验研究 [J].重庆大学学报,1999,22(5):99-103.

[141] 宋飞,赵法锁,李亚兰.石膏角砾岩蠕变特性试验研究[J].水文地质工程地质,2005,3:94-96.

[142] CHEN S H,PANDE G N. Rheological model and finite element analysis of jointed rockmasses reinforced by passive,fully-grouted bolts[J]. Int. J. Rock Mech. Min. Sci. & Geomech. Abstr,1994,31(3):273-277.

[143] JIN J, CRISTESCU N D. An elastic/viscoplastic model for transient creep of rock salt[J]. Int. J. Plasticity,1998,14:85-107.

[144] NICOLAE M. Non-associated elasto-viscoplastic models for rock salt[J].

Int. J. of Engng. Sci,1999,37:269-297.

[145] MUNTEANU I P,CRISTESCU N D. Stress relaxation during creep of rocks around deep boreholes[J]. Int J Eng. Sci,2001,39:737-754.

[146] GRGIC D,HOMAND F,HOXHA D. A short-and long-term rheological model to understand the collapses of iron mines in Lorraine,France[J]. Computers and Geotechnics,2003,30:557-570.

[147] KACHANOV L M. On the time to failure under creep condition[J]. Izv, Akad,Nauk,USSR,Otd. Tekhn. Nauk,1958,8:26-31.

[148] KACHANOV L M. Introduction to Continuum Damage Mechanics[M]. Mattinus Nijhoff publishers,Dordrecht,The Netherlmds,1986.

[149] RABOTNOV Y N. On the equations of state for creep[J]. Progress in Applied Mechanics,1963,307-315.

[150] RABOTNOV Y N. Creep ruptures[A]//Applied Mechanics,Processing of the 12th International Congress of Applied Mechanics[C]. Edited by HETENYI M,et al,Standfod Springe-Verlag,Berlin,1969,342-349.

[151] LEMAITRE J,CHABOCHE J L. Aspect phenomenologique dela ruptrue par endommagement[J]. J. Mec. Appl. ,1978,2:3.

[152] LEMAITRE J. How to use damage mechanics[J]. Nucl. Eng. Des,1984, 80:233-245.

[153] CHABOCHE J L. Continuous damage mechanics: A tool to describe phenomena before crack initiation [J]. Nucl. Eng. Des. , 1981, 64: 233-247.

[154] CHABOCHE J L. Lifetime predictions and cumulative damage under high-temperature conditions[J]. ASTM Special technical publication, 1982,770:81-104.

[155] KRAJCINOVIC D,FONSEKA G. U. The continuous damage theory of brittle materials-part 1,2[J]. ASME J. Appl. Mech. ,1981,48:809-815 and 816-824.

[156] KRAJCINOVIC D,SILVA M A G. Statistical aspects of the continuous damage theory[J]. Int. J. Solids Structure,1982,18:7-12.

[157] KRAJCINOVIC D. Continuum damage mechanics[J]. Appl. Mech. Reviews,1984,37(1):1-6.

[158] AN-ZENG HUA,MING-QINGYOU. Rock failure due to energy release during unloading and application to underground rock burst control[J].

Tunneling and Underground Space Technology,2001,16:241-246.

[159] HE M C,MIAO J L,FENG J L. Rock burst process of limestone and its acoustic emission characteristics under true-triaxial unloading conditions [J]. International Journal of Rock Mechanics and Mining Sciences,2010, 47(2):286-298.

[160] CANTIENI L, ANAGNOSTOU G. The effect of the stress path on squeezing behavior in tunneling[J]. Rock Mechanics and Rock Engineering,2009,42(2):289-318.

[161] WU G, ZHANG L. Studying unloading failure characteristics of a rock mass using the disturbed state concept[J]. International Journal of Rock Mechanics and Mining Sciences,2004,41(S1):181-187.

[162] MARTIN C D. Seventeenth Canadian geotechnical colloquium:the effect of cohesion loss and stress path on brittle rock strength[J]. Can Geotech J,1997,34(5):159-168.

[163] 李新平,路亚妮,王仰君.冻融荷载耦合作用下单裂隙岩体损伤模型研究 [J].岩石力学与工程学报,2013,32(11):2307-2315.

[164] 周小平,哈秋舲,张永兴,等.峰前围压卸荷条件下岩石的应力-应变全过程分析和变形局部化研究[J].岩石力学与工程学报,2005,24(18): 3236-3245.

[165] 吴刚,赵震洋.不同应力状态下岩石类材料破坏的声发射特性[J].岩土工程学报,1998,20(2):82-85.

[166] 梁冰,章梦涛,潘一山,等.瓦斯对煤的力学性质及力学响应影响的试验研究[J].岩土工程学报,1995,17(5):12-18.

[167] 尹光志,王振,张东明.有效围压为零条件下瓦斯对煤体力学性质影响的实验[J].重庆大学学报,2011,33(11):129-133.

[168] 肖福坤,马红涛,刘刚.煤体恒定加载蠕变损伤实验的研究[J].黑龙江科技大学学报,2014(6):563-568.

[169] 肖福坤,刘刚,申志亮.桃山90#煤层有效弹性能量释放速度研究[J].岩石力学与工程学报,2015,S2:4216-4225.

[170] 肖福坤,樊慧强,刘刚,等.不同瓦斯钻孔倾角影响下煤岩单轴抗压强度研究[J].地下空间与工程学报,2013,S2:1822-1826.

[171] 肖福坤,申志亮,刘刚,等.循环加卸载中滞回环与弹塑性应变能关系研究 [J].岩石力学与工程学报,2014(9):1791-1797.

[172] 肖福坤,樊慧强,刘刚,等.三轴压缩下含瓦斯煤样破坏过程的声发射特性

[J].黑龙江科技学院学报,2013(1):10-15.

[173] 肖福坤,刘刚,樊慧强,等.瓦斯抽采钻孔煤体破裂过程声发射特性试验研究[J].煤矿开采,2013(2):7-10.

[174] 肖福坤,段立群,葛志会.采煤工作面底板破裂规律及瓦斯抽放应用[J].煤炭学报,2010(3):417-419.

[175] 张峰瑞,肖福坤,申志亮,等.单轴压缩状态下瓦斯抽采钻孔破裂规律的实验研究[J].黑龙江科技大学学报,2016(1):17-20,30.

[176] 肖福坤,周立光,董建军.煤与瓦斯突出的突变学分析[J].黑龙江科技学院学报,2002(2):11-13.

[177] 肖福坤,秦宪礼,张娟霞,等.煤与瓦斯突出过程的突变分析[J].辽宁工程技术大学学报,2004(4):442-444.

2 含瓦斯煤的赋存特征和物理特性

煤体作为储气层,与常规储层不同,必须了解煤层作为储层所表现出来的特殊性。煤的储集性和煤中天然气的储集是整个成煤作用的结果。煤是一种由孔隙和裂隙组成的双重孔隙结构多孔介质。煤的双重孔隙结构是由煤基质中多种尺度的微小孔隙和裂隙组成,前者是瓦斯的主要储集空间,后者则是瓦斯的主要渗流通道。煤基质中的孔隙和裂隙形态、结构以及孔径分布等特征直接决定着煤层瓦斯的吸附—解析、扩散及渗流特性。

2.1 含瓦斯煤岩的地质特征

2.1.1 含瓦斯煤岩的沉积环境

煤层的分布、厚度、几何形状、连续性等均受到沉积环境的控制。对煤层沉积环境的研究,建立煤层沉积模式,有助于预测煤炭资源,而煤层气是煤层在形成的过程中经过生物化学和热解作用所生成的以甲烷为主的烃类气体[1]。因而对煤田原始沉积环境模式的了解可以帮助我们预测煤层中横向变化的特点及其复杂性,对煤层气的勘探和开发也会有很大帮助。

煤田是由不同沉积环境下形成的泥炭坪在漫长的地质史中转化而来的[2],煤层气就是成煤转化过程中的一个附属产品。原始的泥炭坪是在复杂的沉积环境下发育而成的,受控于适当的古气候环境和地貌条件。在有利的地质、水和气候条件下,有关植被持续发育,在这样的生态系统内,水系带来的碎屑沉积物和有机质沉积物之间处于长期的、微妙的平衡关系,使巨厚的泥炭层得以不断形成并保存下来。

概括起来,煤的沉积环境大致分为两大类[3]:海陆交互性成煤环境和陆相成煤环境。前者又以滨海冲积平原、滨岸沼泽、潟湖和三角洲平原为主,如美国圣胡安盆地水果地层组煤层属于三角洲泛滥平原沉积,拉顿盆地的拉顿组煤层属于陆相泛滥平原冲积[4-6]。

泥炭坪通常与河流水系有关系,除深水环境外,泥炭坪在河流上、下游各种环境体系中均可能发育,一般常见的地区如下:

（1）冲积扇

泥炭坪通常发生在潮湿的冲积扇上。泥炭的保存和堆积与河流的结构及以供给泥炭发育的需要所携带营养物的多少有关。河流迁移造成的废弃古河道潮湿冲积扇也可形成泥炭的局部发育带。甚至在半干旱区域内，例如俄罗斯大草原，在扇间区域内，由于有流向盐湖的水流，也可形成泥炭坪。

（2）冲积平原

在离河道较远的某些河道间的区域内，有利于土壤和泥炭坪的发育，泥炭的堆积比较缓慢，一般是每 1 000 a 堆积 20～80 cm。在很多现代和古代的泥炭坪中泥炭一般是覆盖在古土壤层之上的。

（3）三角洲近岸平原

三角洲平原上的泥炭坪一般是分布在分流河道之间的低洼地中，侧向上可延展到废弃三角洲叶状体和个别小型的决口三角洲上。废气的分流河道间地带和决口三角洲形成了短期存在的平台可供泥炭坪的形成。另外，河道迁移时还形成废弃准三角洲叶状体和大型的决口三角洲，这些建设性三角洲则是富集泥炭并被保存下来的重要相带。

（4）非三角洲的近岸平原

近岸平原上的三角洲多是在河口处、沿潟湖地带和水道间低洼地上形成的，与海岸线有无屏障没有太大关系。泥炭堆积在残留屏障阶地之上或其后部、废弃的河道口、沿废弃的水道间地带或充填式潟湖上。泥炭是在海岸沼泽化过程中形成的，这类海岸平原泥炭坪的保存需要有长期不受海洋应力影响的条件，或许是在海平面逐渐上升时被埋藏，或许是在海平面静止时有屏障保护。

2.1.2 煤层中烃类的生成

煤是由有机残渣（例如植物）经过化学蚀变和热蚀变所形成的富碳物质，其形成过程被称之为煤化作用过程。在该过程中也产生包括水、甲烷和二氧化碳在内的一系列附属产品[7]。前面我们对地质历史中不同沉积环境形成的泥炭坪进行了简单的叙述，这些泥炭坪经掩埋后便开始了煤化过程。有机物经过一系列长期的生物化学和热演化作用，泥炭坪逐渐变成由低阶到高阶的煤，最后形成无烟煤。煤化作用可以分为未变质阶段、低变质阶段、中等变质阶段和高变质阶段，如表 2-1 所示。演化的初期，在泥炭形成阶段主要是受生物降解作用的控制，温度和压力实际上是受埋深和漫长的地质年代所决定的。煤化作用使有机质的物理化学性质逐步改变，包括地热值增加、固定碳增加、水分和挥发组分减少，这一过程中同时产出以烃类为主的大量气体。其中中等变质阶段是煤层甲烷的主要生成阶段，最大的特点是油、气和重烃兼生并存，此时烃气属于湿气。

在高变质阶段,由于重烃裂解,在贫煤阶段可再次出现一个甲烷增量的相对高峰。

表 2-1 煤化作用及甲烷生成

变质程度	煤阶		镜质体反射率 R_o	甲烷生成特征	
未变质	泥炭			生物降解	生物气
低变质	褐煤		<0.5		
中变质	长焰煤		$0.5\sim0.7$	热解	贫气
	气煤		$0.7\sim0.9$		
	肥煤		$0.9\sim1.2$		大量气体
	焦煤		$1.2\sim1.7$		
	瘦煤		$1.7\sim1.9$		
高变质	贫煤		$1.9\sim2.5$		
	无烟煤	无烟煤Ⅲ	$2.5\sim6$		
		无烟煤Ⅱ			
		无烟煤Ⅰ			
	半石墨及石墨		>6	变生	裂解

煤层所生成的天然气主要是通过生物降解作用和热解作用形成的。在煤未变质阶段到低变质阶段,煤层生成气主要由生物降解作用生成,这个阶段的生成量占总生成量的 10%。随着煤化作用的不断加深,从热降解生成甲烷的过程开始,当 $R_c=1.30\%$ 时,已生成的气量可达热成因甲烷总量的 76%。在煤化作用过程中生成的气体仅有 10% 左右可以保留在煤层中,绝大部分逸散到相邻的煤层中。煤层气则是煤层生成气经运移、扩散后在煤层中的剩余量。

现对煤层生成的天然气的主要两个过程,即生物成因过程和热解作用过程分述如下。

(1) 生物成因气

一般在泥炭沼泽中,由于微生物作用使有机质降解而形成生物降解气,主要成分为甲烷和二氧化碳。这一生物降解过程是由一系列不同的微生物种类来完成的,每一种只在有机质中的某一部分和某一阶段起作用。生成甲烷的微生物系以 Archaea 为主,它们只是在有机物缺氧降解的最后阶段、在其他微生物已经将极其复杂的有机物转变为较简单的形式时才起作用,将其转化为甲烷[8]。

生物气大量生成所需的条件是:缺氧、低硫酸盐、低温、高 pH 值、适当的孔隙空间、含有大量有机物的沉积环境。在上述条件下,在埋藏后若干万年的期间内,便可生成大量生物甲烷气。

生物气的生成一般是通过两个途径:一是还原二氧化碳;二是甲基发酵。在煤层发展的过程中,生物气可能在两个不同的阶段内生成:一是早期阶段,即由泥炭向次沥青煤转化的低阶煤化阶段,镜质体反射率一般小于 0.5%,这一阶段生物气的生成和保存主要借助于迅速的沉积作用,原始生物其中的大部分可能都是在这一阶段生成的;二是晚期阶段,即煤层中的生物气也可能是最近的地质时期(几万到几百万年前)形成的,这是由于受活跃的地下水系和大气淡水的影响,造成细菌活动的有利环境。晚期阶段的生物气在各种煤阶的煤层中均可能发生。一般来说,早期生成的生物气在漫长的地质史中不断散失,晚期的生物气需要特定的环境,因此它在煤层气中所占的比重不大。晚期生物气的成因是由于煤层沉积后,地壳抬升,上倾方向遭受剥蚀,导致煤层与大气淡水接触,也生成生物降解气。

(2) 热解作用气

随着埋深的增加,温度和压力随之增加,煤层由低煤阶向高煤阶段演化,也就是煤层中挥发物质不断降低的过程。煤层中以甲烷为主的热烃类的生成主要发生在高挥发分烟煤及其以上的煤阶中($R_o > 0.6$)。煤化作用不断加深的过程中,二氧化碳和水不断地被消耗,同时生成大量甲烷[9](图 2-1)。

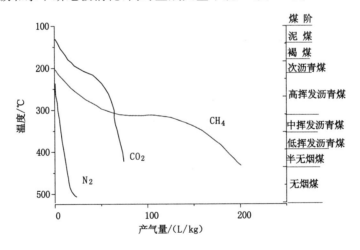

图 2-1 煤化过程中煤岩可生成的气量[9]

美国新墨西哥州和科罗拉多州圣胡安盆地上白垩统 Fruitland 组绝大多数煤层气就是热成因的。

2.1.3 煤层气藏的储层特征

煤层是煤层气的源岩,也是煤层气的储集层。煤层的特殊性使得气体水在储层的储存和开采机理与常规储集层有所不同。煤层孔隙的结构分为基质孔隙和裂隙孔隙,从而具有双重孔隙结构。煤层孔隙的特征为:煤基质被天然裂隙网分成许多方块(基质块体)。基质是主要的储气空间,而裂隙是主要的渗透通道[10]。基质孔隙又称微孔隙,直径一般为5～10 Å,煤的微孔隙极其发育,煤层气的绝大部分吸附在微孔隙的表面,由于微孔隙的直径很小,水被认为不能到达微孔隙系统中。裂隙孔隙是指割理系统(图2-2)和其他的天然裂隙[11]。其他的天然裂隙主要受局部构造因素控制,与割理相比其发育程度及在决定煤储集层性质方面的重要性要小得多。煤层的割理孔隙主要是由煤化作用过程中煤物质结构、构造等的变化而产生的裂隙,根据在层面上的形态和特征,可以将割理孔隙分为面割理孔隙和端割理孔隙。其中,面割理通常是与层面平行或近平行,一般呈板状延伸,连续性较好,是煤层中的主要割理;端割理只发育于两条面割理之间,常与层面垂直或近似垂直,一般连续性较差,缝壁不规则,是煤层中的次要割理。由于煤岩中面割理和端割理都比较发育,单体规模小,总体密度大,在空间上交割呈立体网状,可以使用等效连续介质渗流方法来描述煤介质中的气、水运动。

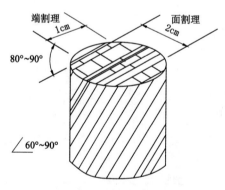

图 2-2 煤层割理系统示意图

煤层甲烷的主要储集特点是以自生自储为主,即以甲烷为主的烃类气体的生气源岩就是煤层本身[12],煤层的本身也是主要的储集层;煤层气主要以吸附状态储存于煤层基质表面上,除吸附状态的气体外,在煤层的孔隙、裂缝和割理中,以及煤层顶、底板围岩和夹层的孔隙和裂缝中还保存有部分游离天然气。以下主要介绍与煤层吸附甲烷有关的独特的地质条件。与一般岩石孔隙结构不同的是,煤的孔隙大都是煤层本身整体结构的一部分。在煤层的微孔中常填充了不同物质,这些物质的组成和体积常随着媒介的改变而变化。一般储集岩层中的孔隙大小为 $1 \sim 1\ 000\ \mu m$,而一般煤岩中的孔隙要比之小一个数量级。这种超微孔隙结构随着煤化作用的进展而发生变化,因而会对煤层的储层特性产生很大的影响。低煤阶的煤岩中以大孔为主,随着煤阶的升高,由于压实作用及水分的排出而变成以微孔为主。煤岩中次生孔隙的发育,一般是从低挥发分煤阶处开始,一直持续到无烟煤阶段,次生孔隙的发育与高煤阶阶段大量生成烃气的情况相吻合,到达最高煤阶的石墨化阶段时,所有次生孔隙均被破坏而消失。煤的孔隙相差很大,大到数微米级的裂缝,小到连氮分子(直径为 0.178 nm)都无法通过。比较常用的孔隙大小分级标准见表 2-2。

表 2-2　　　　　　　　　　　　煤层气藏储层孔隙大小分级标准

微孔	中孔	大孔
孔径<2 nm(20 Å)	孔径 2~50 nm(20~500 Å)	孔径>50 nm(500 Å)

煤层渗透率与埋藏深度有关。深度在 30 m 左右,渗透率 K 约为 $10^{-1}\ \mu m^2$;深度在 300 m 左右,K 为 $(5 \sim 50) \times 10^{-3}\ \mu m^2$;深度在 3 000 m 左右,$K$ 为 10^{-4} μm^2 以下。对于煤层气开发而言,渗透率为 $(1 \sim 4) \times 10^{-3}\ \mu m^2$ 为宜。渗透率高的煤层不利于甲烷的保存,含气量低。但开采时流动性好,产气量大。渗透率低的煤层有利于甲烷的保存,但产量较低。

2.2　主要物性参数

在煤层气藏的流固耦合中,流固动态耦合的主要表现为:一方面,由于煤层气藏的开采,孔隙流体压力的变化,要引起煤层气藏骨架有效应力的改变及其重新分布,并导致煤体骨架的变形;另一方面,煤层气藏骨架的变形,将导致煤层气藏孔隙体积的改变,引起煤层气藏物性参数,特别是孔隙率、渗透率和孔隙压缩系数的变化,反过来影响孔隙流体的渗流和开采。在常规的油气藏工程问题中,引入孔隙压缩系数这一概念来定量表示由于流固耦合效应而引起的孔隙体积的变化,然而常规计算孔隙体积变化的方法是将孔隙体积视为孔隙流体压力的函数,通过孔隙压缩系数来计算的。事实上,在煤层气藏中煤体骨架变形引起物性参数的变化,取决于煤岩骨架所承受的有效应力及其本身的力学特性,因此常规计算孔隙体积变化的方法存在很大的局限性,不能正确反映流固耦合效应,更不能准确计算出流固耦合过程中煤体骨架的物性参数变化。

因此,本节给出了适合于煤层气藏流固耦合效应的孔隙率、渗透率及孔隙压缩系数等物性参数的关系式。

2.2.1 煤体孔隙率

煤层气储层的孔隙率很低,裂缝孔隙率一般仅为 1‰～5‰,这就造成了煤层中流体的流动空间较常规储层要小得多,导致煤层渗透率低,因此需要进行强化改造。基质孔隙率更低,仅约 2‰[13-16]。

由于煤岩孔隙体积压缩率一般比砂岩大 1～2 个数量级,因而使得煤岩孔隙率随压力的变化比砂岩更明显。随着上覆地层压力增加,煤层的孔隙率急剧减小。计算孔隙率的传统模型,是利用孔隙压缩系数来表述的,即通过压缩系数来表达孔隙率随孔隙压力而变化的关系。但由于该系数只考虑孔隙流体压力的变化,因而存在很大的局限性,本书给出了用体积应变表述的孔隙率关系式如下:

$$\phi = \frac{1}{1+\varepsilon_v}(\phi_0 + \varepsilon_v) \tag{2-1}$$

式中 ϕ——用体积应变表述后的孔隙率;

ε_v——体积应变;

ϕ_0——初始孔隙率。

式(2-1)表达了孔隙率作为体积应变的函数关系式,即煤层气的开采过程中,要引起压力的变化,压力的改变会引起煤层有效应力的改变,从而使煤岩发生变形,导致孔隙率发生变化。

2.2.2 煤体瓦斯渗透率

由于基质孔隙渗透率极低,因此煤层渗透率是指煤层割理渗透率。煤层的原始孔隙渗透率一般小于 10×10^{-3} μm^2,可划分为高渗透率(大于 5×10^{-3} μm^2)、较高渗透率($5 \times 10^{-3} \sim 0.1 \times 10^{-3}$ μm^2)和低渗透率(小于 0.1×10^{-3} μm^2)。

煤的渗透率各向异性十分明显。因为煤层中渗透率在很大程度上受裂缝控制,在裂缝发育且延伸较长的方向,煤往往具有较高的渗透率,这一方向的渗透率要比垂直方向高出几倍甚至一个数量级。由于面割理的连通性、密度等大于端割理,因而其渗透率也大于端割理。通常面割理方向渗透率是其他方向的 3～10 倍,与端割理渗透率之比可以高达 17∶1。

在煤层气藏开采过程中,考虑到煤层气藏骨架的变形及孔隙体积的变化对渗透率的影响,由于孔隙流体压力的变化要引起有效应力发生变化,并导致煤体骨架变形,引起孔隙体积和孔隙喉道的变化,从而使渗透率发生变化。

为此,本书给出了煤层气藏流固耦合所用的渗透率关系式:

$$\frac{K}{K_0} = \frac{\left[1 + \dfrac{\varepsilon_v}{\phi_0}\right]}{(1 + \varepsilon_v)} \qquad (2\text{-}2)$$

式中 K——用应变表述的渗透率;

  K_0——初始渗透率值;

  ε_v——煤岩体积应变量;

  ϕ_0——煤岩初始孔隙率。

式(2-2)表达了渗透率作为体积应变的函数关系式。

2.2.3 煤体孔隙压缩系数

在常规油气藏的计算中,将孔隙压缩系数视为不变的常数,然而在油气藏开采过程中,孔隙体积要发生变化,因而孔隙压缩系数也随时间而变。为此,本书给出了煤层气藏流固耦合所用的孔隙压缩系数关系式:

$$C_\phi = \frac{\ln\left[\dfrac{\phi_0 + \Delta\varepsilon_v}{\phi_0(1 + \Delta\varepsilon_v)}\right]}{\Delta p} \qquad (2\text{-}3)$$

式中,Δp 为压力的变化量;其他参数同上式。

式(2-3)表达了孔隙压缩系数作为体积应变与流体压力的函数的关系式。

2.2.4 煤体瓦斯相对渗透率

煤层中的气、水产量受相对渗透率影响,煤层流体的相对渗透率难以在实验室测定,一般由历史拟合的方法求取。由于煤层大部分孔隙空间是半径小于 $0.02~\mu m$ 的孔隙,比常规砂岩具有更高的毛细管压力。煤层的毛细管压力使煤层具有高束缚水饱和度,同时也使水的相对渗透率急剧下降。由于水的饱和度总是保持在较高的水平,所以气的相对渗透率也处于较低的水平,即使煤层的绝对渗透率较高,其性质也只是和致密储层相当。

2.3 煤层气吸附特征

2.3.1 煤层气赋存方式

在吸附现象中,我们把被固体吸附的物质通常称为吸附质,把凡是能够被吸附的气相物质统称为吸附物。吸附是由于作用于固体与气体分子之间的力引起的,这些作用力分为两大类,即物理作用力和化学作用力,他们分别引起物理吸附和化学吸附。煤对于煤层气的吸附属于物理吸附,被吸附的气体分子热运动的动能足以克服吸附引力场的作用时,气体分子可脱离固体表面,重新回到游离气相,这一过程称为解吸。吸附和解吸互为逆过程,当吸附与解吸达到等速时吸附达到平衡[17-19]。

单位重量煤体所吸附的标准条件下气体体积称为吸附量或吸附体积,通常用 V(标 m^3/t)表示(有时也用单位体积煤体吸附的气体质量或单位体积煤体吸附的气体体积表示)。吸附量随压力的增大而增大,被固体样品吸附的气体量正比于样品质量 m、蒸汽压力 p 及气体和固体的性质。若以 n 表示每克固体吸附的气体量,则有:

$$n = f(p, 气体, 固体) \qquad (2\text{-}4)$$

对于固定温度下特定气体吸附在特定的物体上,方程(2-4)简化为:

$$n = f(p)_{气体,固体} \qquad (2\text{-}5)$$

若吸附温度在气体的临界温度以下,上式可改换为另一种有用的形式:

$$n = f(p/p_0)_{气体,固体} \qquad (2\text{-}6)$$

其中,p_0 为吸附质的饱和蒸汽压。

方程(2-5)、方程(2-6)是等温吸附线的表达式,也就是在恒温下气体吸附量分别与气体压力或相对压力的关系。在专题文献中已经记录了数以万计的吸附等温线,但这些物理等温线最早大体被分为五类,即由 Brunauer、Deming 和 Teller 提出的(此后简称为 BDDT)五种类型[20]。这几类等温线的主要特征见图 2-3 所示。

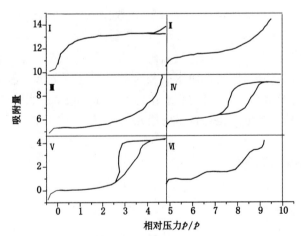

图 2-3　BDDT 五类等温线和阶梯形等温线

其中,Ⅳ型和Ⅴ型等温线具有滞后回线,回线的下支代表系统逐渐增压时的测量值,回线的上支代表系统逐渐减压时的测量值。当然,其他的等温线也可能出现滞后效应。另外,我们把阶梯形等温线归为Ⅳ型,此类等温线虽然罕见,但是在专业理论研究中有特殊的理论意义,因此将其单列为一类。除此五种类型的等温线之外还有其他相当多类型的等温线,又有各种边界条件的不同,因此很难将其归类,在此不再赘述。

2.3.2　煤层气吸附特征

煤层气藏与常规气藏最大的差异就是煤层甲烷不是以简单的游离状态存储于煤岩的孔隙中,煤层甲烷气以吸附、游离和溶解三种状态赋存于煤孔隙中。但在大部分煤层中90%以上的煤层气均是以吸附状态附着于煤的内表面上的,少量的煤层气是以游离状态存储于煤岩的割理、裂隙和孔隙中,还有部分煤层气是以溶解状态储存于煤层水中。煤是一种多孔介质,其中微孔隙特别发育,形成了巨大的内表面面积,据测定,每吨煤的内表面面积可达 0.929 亿 m^3,煤的颗粒表面分子通过范德瓦尔斯力吸引周围气体分子,这是固体表面上进行的一种物理吸附过程。天然气在煤层中的储集主要依赖于吸附作用,而不像普通天然气那样依赖于圈闭作用储存下来。呈吸附状态的甲烷占70%～95%,而且吸附是完全可逆的,在一定条件下,被吸附的气体分子从表面上脱离出来,称为解吸。有少量的天然气自由地存在于煤的割理和其他裂缝或孔隙中,这种赋存状态称为游离状态,呈游离状态的天然气占总量的10%～20%。还有少量的天然气溶解在煤层内的地下水中,称为溶解气。煤层被打开以后,随着条件的变化三种赋存状态下天然气所占的比例将逐步发生变化。

原苏联学者维索茨基认为吸附量最有效的孔隙半径在$(15～100)\times 10^{-8}$ cm之间,煤的绝大部分孔隙都在维索茨基所指的对吸附量最有效的孔径范围之内。煤的高吸附容量使得煤层中的储气量较同体积的常规天然气储层(砂岩、灰岩)的储气量高2～3倍。

压力对吸附作用有明显的影响,国内外研究均表明,随着压力的增加,煤对甲烷的吸附量逐渐增大(图2-4)。压力在 98.1～1 471 kPa 范围内,吸附量随压力增加而增加的幅度较大;此后,压力越高吸附量增加的幅度越小;压力大于3 924 kPa 后,吸附量增加的幅度很小;压力达到 5 886.0～7 848.0 kPa 后,吸附量达到饱和。

吸附等温线就是煤层中被吸附气体的压力和被吸附量之间的定量关系曲线,它代表游离气和被吸附气之间的一种平衡关系。由于解吸是吸附的逆过程,通过吸附等温线可以了解煤层的解吸特征。它也是评价煤层气储量的重要特性

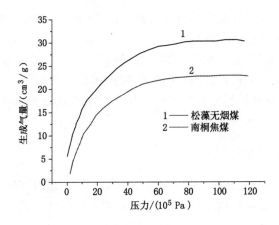

图 2-4　煤吸附甲烷量与压力关系

曲线。煤层的吸附量、扩散系数、渗透率和孔隙率是气藏描述所必需的基本参数。

精确的煤层甲烷吸附等温线有以下三个方面的作用：

第一，确定煤层原始状态下甲烷的最大含量。因为直接测量甲烷初始含量是不可能的，只有通过吸附等温线进行推算，但其前提是假设煤被甲烷饱和以及流体压力是埋深的函数。

第二，开采过程中甲烷产量随地层压力的变化。

第三，"临界解吸压力"即甲烷开始从煤表面解吸出来的压力值。低于临界压力，甲烷将从煤层中解吸出来。当煤未被甲烷饱和时，这个值的测量是很重要的。图 2-5 给出了典型煤层气吸附等温线。

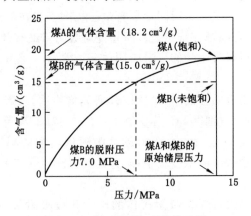

图 2-5　典型煤层气吸附等温线

图 2-5 中,煤层 A 为饱和煤层,煤层 B 为欠饱和煤层。从图中可以看出,对于欠饱和煤层 B 只有当压力下降到 7.0 MPa 时才有气体被解吸产出,这一压力即所说的解吸压力;而对于饱和煤层 A,其解吸压力与原始压力相同。由于在较高压力下,吸附等温线比较平缓,通常需要大幅度降压才能达到解吸压力,这对煤层气的采收率则产生了很大的影响。经验表明,绝对渗透率在 $5 \times 10^{-3} \mu m$ 以上的饱和煤层气储层,累积采收率可以达到 $50\% \sim 60\%$,欠饱和煤层气储层的采收率则较小。

煤层甲烷吸附等温线的影响因素(或对吸附量的影响因素)则主要是煤阶、压力(煤层深度)、温度以及煤层中其他物质成分[21]。在目前的应用中,解释等温吸附现象大致有三种模型,即吉布斯模型(Gibbs)、势差理论模型和朗缪尔(Langmuir)模型。吉布斯模型是按二维薄膜来描述吸附过程,以一种状态方程来表示其动态,该模型已不再用于描述煤对气体的吸附。势差理论认为吸附容量和热动力吸附潜能有关,在气体接近固体表面时,势差会造成气体在固体表面的聚集,该模型主要应用于煤对甲烷和乙烷的吸附。朗缪尔模型则是根据蒸发和凝缩间的动力平衡来进行的,广泛应用于煤和其他吸附剂对气体的吸附。由于天然气的分子和煤的微孔隙空间相近,所以用朗缪尔模型可以对其进行较好的描述。朗缪尔模型是研究煤层等温吸附的主要模型,目前得到广泛应用。朗缪尔模型一般用如下方程表示:

$$n = n^{\infty} \frac{bp}{1 + bp} \qquad (2-7)$$

式中　　n——吸附量,cm^3/g;

$\quad\quad\quad n^{\infty}$——Langmuir 吸附常数(或极限吸附量),$cm^3/g$;

$\quad\quad\quad b$——Langmuir 压力常数,$1/MPa$;

$\quad\quad\quad p$——气体压力,MPa。

有时也将以上等温方程写成:

$$n = n^{\infty} \frac{p}{p_L + p} \qquad (2-8)$$

式中,$p_L = 1/b$ 是吸附量达到极限吸附量的 50% 时的压力,即 $p = p_L$ 时,$n = 0.5 n^{\infty}$。

若压力很低,则上式化为 Herny 方程:

$$n = n^{\infty} bp \qquad (2-9)$$

即很低压力下,吸附量与气体压力呈正比。压力常数 b 反映低压力吸附等温线的斜率。理论上吸附常数 n^{∞} 与温度无关,即在任何温度下极限吸附量都相同,而压力常数 $b(1/p_L)$ 是温度的函数,可写成:

$$b = b_0 e^{-\Delta H/RT} \qquad (2\text{-}10)$$

式中　b_0——参考压力常数,即极高温度下的压力常数,1/MPa;

　　　ΔH——吸附能,cal/(g · mol);

　　　R——普氏气体常数,1.987 cal/(g · mol · K);

　　　T——绝对温度,K。

本章参考文献

[1] 薛成刚,曹文江,钟英,等.煤层气藏物质平衡方程式的推导及储量计算方法[J].天然气勘探与开发,2000(4):44-49.

[2] 陈忠慧.煤和含煤岩系的沉积环境[M].武汉:中国地质大学出版社,1988.

[3] 赵庆波,等.世界煤层气工业发展现状[M].北京:地质出版社,1998.

[4] 徐剑良.煤层气渗流过程中流固耦合问题的研究[D].成都:西南石油学院,2003.

[5] 宋岩,秦胜飞,赵孟军.中国煤层气成藏的两大关键地质因素[J].天然气地球科学,2007,18(4):545-552.

[6] 叶建平,武强,王子和.水文地质条件对煤层气赋存的控制作用[J].煤炭学报,2001,26(5):459-462.

[7] 周家尧,关德师.煤储集层特征[J].天然气工业,1995,15(5):6-10.

[8] 陶明信.煤层气地球化学研究现状与发展趋势[J].自然科学进展,2005,15(6):648-652.

[9] 钱凯,等.煤层甲烷勘探开发理论与实验测试技术[M].北京:石油工业出版社,1996.

[10] 王仲勋,郭永存.煤层气开发理论研究进展及展望[J].天然气勘探与开发,2005,4:64-66,74.

[11] 毕建军,苏现波,韩德馨等.煤层割理与煤级的关系[J].煤炭学报,2001,26(4):346-349.

[12] 李强,欧成华,徐乐,等.我国煤岩储层孔裂隙结构研究进展[J].煤,2008,17(7):1-3,29.

[13] 彼特罗祥.煤矿沼气涌出[M].宋世钊,译.北京:煤炭工业出版社,1983.

[14] 孙培德.煤层瓦斯流场流动规律的研究[J].煤炭学报,1987,12(4):74-82.

[15] 罗新荣.煤层瓦斯运移物理模型与理论分析[J].中国矿业大学学报,1991,20(3):36-42.

[16] 邓英尔,谢和平,黄润秋,等.低渗透孔隙-裂隙介质气体非线性渗流运动方

程[J].四川大学学报工程科学版,2006,38(4):1-4.

[17] 吴佩芳,等.煤层气开发的理论与实践[M].北京:地质出版社,2000.

[18] 杨建业,杜美利,等.煤层气藏的储集特征及储层评价[J].西安地质学院学报,1995,17(3):77-82.

[19] 任冬梅,张烈辉,等.煤层气藏与常规天然气藏地质及开采特征比较[J].西南石油学院学报,2001,23(5):29-33.

[20] [美]S J格雷格,K S W辛.吸附、比表面与孔隙率[M].北京:化学工业出版社,1985.

[21] 苏现波,张丽萍,林晓英.煤阶对煤的吸附能力的影响[J].天然气工业,2005,25(1):19-21.

3 煤体的基本力学性质研究

煤矿井下煤岩体的应力状态往往受多种因素控制,其中埋深是控制因素之一。随着埋深的增加,水平应力和垂直应力增大;当煤炭受采动影响后,工作面前方煤体存在加载过程、卸载过程以及同时存在加卸载过程,因而煤体受外界不同因素控制时表现出不同的力学性质[1]。由于井下环境的复杂性及工程条件限制,往往通过单轴及三轴压缩循环荷载、拉—压—剪应力试验研究煤岩体的力学特性[2-17]。

本章主要针对某矿的煤体开展常规单轴压缩破坏与三轴压缩试验,获取该类煤体的基本力学参数、变形特征,并对所得数据进行分析,得出此类煤体的一些基本力学参数以及其在单轴、三轴压缩破坏过程产生的变形与应力之间的关系。与此同时,通过单轴、三轴压缩破坏试验,把煤体的单轴抗压强度等表示力学性能的物理量作为煤体数值模拟的理论依据和基础。

3.1 采样及试验设备

3.1.1 加工设备

本书选用从工作面中刚刚开采出的、无风化且所有表面无明显裂纹的煤体作为试样。在取样过程中,对煤体受力方向进行记录,在试样加工后标注其受力方向。为了方便对所取煤样的运输和加工,在现场挑选大致呈方形的煤块,而且垂直与层理方向的厚度达到 150 cm 以上,用保鲜膜在井下进行包装,升井后立刻用塑料布和透明胶带再次进行密封,此目的是为了避免煤体因暴露在空气中风化而对煤体的力学性质造成影响。为避免运输过程中外界因素对煤块产生碰撞,因此在放置煤体的木箱六个面均放置了泡沫板,然后运至实验室。

本书所用煤体试样均在实验室加工完成,试件分别加工成两种形状,一种是单轴压缩破坏试验用 50 mm×50 mm×100 mm 的长方体试件,还有循环荷载作用下的渗流试验用的 Φ50 mm×100 mm 标准圆柱形试件。

3.1.2 加工工艺

（1）切割

为了方便标准煤样的取样和煤样钻芯工作的开展,我们需要对现场开采回来满足要求的煤样进行分块切割工作,切割的过程中,必须始终保持煤块的稳定,确保切割出来的断面是平整的,加工设备为切石机,如图 3-1(a)所示。

（a）　　　　　　　　（b）　　　　　　　　（c）

图 3-1　试件加工设备

（a）切割机；（b）取芯机；（c）磨石机

（2）取芯

天然煤样可能会存在差异,而这些个体差异会影响到试验,所以要尽量降低个体差异,对进行切割之后满足条件的大煤样进行钻孔取芯。如果试验中采取湿式加工法对煤样进行钻芯,必须使钻头垂直于煤样,同时在钻芯过程中泼洒冷水以降低钻芯摩擦过程中带来的热量,防止钻头过热产生变形,降低取芯质量。本书进行试验的钻芯机如图 3-1(b)所示。

（3）打磨

按照国际标准,煤芯端面在磨石机上进行打磨时,为了保证加工时煤岩样品的精度,需要将断面控制在 0.02 mm 以内的平整程度。本书进行试验的磨石机如图 3-1(c)所示。

（4）筛选

对煤样进行打磨之后,还需要筛选出尺寸和平整度都达到要求的煤岩样品,这样可以为后续加工提供了保证。通过筛选之后,那些接近标准规格的试样先进行标记,之后可以继续进行打磨加工一直到满足要求,不满足条件的试样则被剔除掉。筛选过后再经过 1～2 周的时间对试样进行自然风干,尽量选择室内那些通风条件良好的位置进行风干工作。

本次从现场采集煤体样块,按上述的加工流程进行加工。因煤块内部本身存在裂隙,而且在运输和切割过程中会对其造成一定程度的破坏,使得煤体试件的加工难度较大,部分煤样如图 3-2 所示。对长方形各个煤体进行编号,将编号标签贴在煤体的右上角。对所有煤体进行烘干处理,使其接近其加工前的湿度,最后用保鲜膜对其进行多层缠裹,避免其发生风化。之后需要选取多个煤体,再进行单轴压缩破坏试验,选取的煤样尺寸如表 3-1 所示。

图 3-2　试验煤样

表 3-1　　　　　　　　　单轴压缩试验煤体试件基本参数

煤样编号	长度/mm	宽度/mm	高度/mm	质量/g	体积/mm³	密度/(g/cm³)
1	50.12	50.06	100.18	354.31	251 352.34	1 409.615
2	50.09	50.16	100.28	362.57	251 954.94	1 439.027
3	50.15	50.12	100.27	365.74	252 030.45	1 451.174
4	50.14	50.13	100.24	375.77	251 955.06	1 491.417
5	50.16	50.17	100.13	360.49	251 979.87	1 430.630
6	50.17	50.18	100.25	372.34	252 382.44	1 475.301

如图 3-3 所示是实验中用到的仪器设备——TYJ—2000KN 电液伺服岩石流变实验系统,其具有便于操作、控制精度高、性能稳定等优点,可对多种岩石类材料进行单轴压缩破坏试验。本试验系统可以得出许多物理力学参数,将这些物理参数利用到试验中便于后续分析。

在对煤体试样进行单轴压缩破坏实验时,可根据实验目的来选择加载过程中的控制方式。控制方式包括荷载方式和位移方式,在实验过程中可以根据煤岩体种类和试验类型选择其中一种控制方式来进行试验。本次试验的目的是为了得到煤体在加载过程的竖向变形、横向变形、抗压强度等力学参数,所以本次选用荷载控制作为加载控制方式。

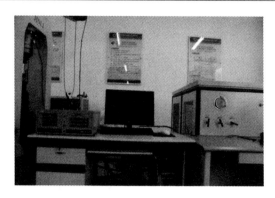

图 3-3　TYJ—2000KN 电液伺服岩石流变实验系统

3.2　煤体单轴压缩试验

本节对各个煤体进行单轴压缩破坏试验,试验设备为 TYJ—2000KN 电液伺服,根据所获得的试验数据分析得到应力应变曲线,包括力学和形变在内的各个煤体参数都可以在试验中获得,并结合在单轴压缩的情况下煤体试样对各种破坏形态所获取的信息进行了分析。

3.2.1　基本力学特性参数

在对煤体进行单轴压缩破坏试验过程中,通过利用引伸计记录煤体在压缩破坏过程中纵向变形和横向变形的变化情况。压力机可以记录煤体可以承受的最大荷载,煤体的有些力学参数不能在试验中直接求得,因此,在此试验结束后需要对试验所得数据进行分析,从而得到包括割线模量、泊松比和杨氏模量在内的各个力学性能参数。

(1)单轴压缩破坏过程中能够承受的最大压应力成为单轴抗压强度,用 σ_c 表示,其表达式为:

$$\sigma_c = \frac{p}{A} \tag{3-1}$$

(2)弹性模量是指煤体在单轴压缩破坏后得到的应变—应力曲线近似直线时的斜率,用 E 表示,其表达式为:

$$E = \frac{\sigma}{\varepsilon} \tag{3-2}$$

(3)切线模量是斜率值,这个斜率值是得到的力学曲线上任意一点切线所对应的斜率并用 E_t 表示,其表达式为:

$$E_t = \frac{\sigma_2 - \sigma_1}{\varepsilon_2 - \varepsilon_1} \tag{3-3}$$

（4）割线模量也是斜率值，在应力—应变力学性能曲线上，数值等于原点与点$(\sigma_{50}, \varepsilon_{50})$之间连线的斜率并用$E_{50}$表示，其表达式如式为：

$$E_{50} = \frac{\sigma_{50}}{\varepsilon_{50}} \tag{3-4}$$

（5）泊松比是一个比值，数值大小等于横向应变ε_x与纵向应变ε_y的比并用ν表示，其表达式为：

$$\nu = \frac{\varepsilon_x}{\varepsilon_y} \tag{3-5}$$

事实上，通常取应力为$\sigma_c/2$时所对应的ε_x和ε_y来计算泊松比。

煤体变形性质还可以用剪切模量(G)、体积模量(K_v)及拉梅常数(λ)进行描述，其表达式为：

$$G = \frac{E}{2(1+\nu)} \tag{3-6}$$

$$K_v = \frac{E}{3(1-2\nu)} \tag{3-7}$$

$$\lambda = \frac{Eu}{(1+\nu)(1-2\nu)} \tag{3-8}$$

3.2.2 测定步骤

对煤体进行单轴压缩破坏试验，试验步骤如下：

（1）先对试验所用的各个煤体试件进行测量，记录各个煤体的长度、宽度和高度，然后对 TYJ—2000KN 电液伺服岩石流变实验系统进行调试和设置，确保实验仪器均可正常稳定地工作。

（2）然后将煤体试件放置在压力机平台上的引伸计里面，并在煤体上下两端各放置一个刚性垫块。

（3）根据前面的叙述，我们可以知道这里需要采用加载速率为 0.3 kN/s 的荷载方式对试验进行控制，开始加载。

（4）煤体受压被压碎之后，迅速关闭压力机，并对试验采集的数据进行保存，对破坏后煤体试件进行拍照，如图 3-4 所示，并记录其破坏状况，以便对其破坏进行分析。

3.2.3 试验结果

本次进行的破坏试验取了 6 个煤体试件，分别在单轴压缩条件下完成的，根

图 3-4 典型煤样的破坏

据 TYJ—2000KN 电液伺服岩石流变实验系统采集的各个煤体在压缩破坏全过程中应力及与之对应的应变数据,参照试验中 6 个煤样的应力在横向和纵向两个方向上的应变做出曲线(图 3-5),通过计算求得各个煤体的某些力学参数和变形指标,如表 3-2 所示。

表 3-2 单轴压缩试验力学及变形参数

煤体编号	σ_c/MPa	E/GPa	u/mm	ε_x/%	v/mm	ε_y/%	ν
1	20.5	2.3	1.053 9	1.052	1.360 6	2.718	0.2
2	20.4	2.75	0.947 6	0.945	1.293 6	2.579	0.1
3	17.4	3.37	1.373 7	1.370	2.224 8	4.439	0.08
4	8.39	2.408	1.197 9	1.195	1.342 0	2.677	0.5
5	6.42	0.97	1.624 1	1.622	1.324 5	2.640	0.46
6	9.18	2.055	1.085 7	1.083	2.535 1	5.052	0.26

注:σ_c 为煤体的单轴抗压强度,E 为煤体的弹性模量,u、v 为煤体的横向变形、纵向变形,ε_x、ε_y 为煤体的横向应变值、纵向应变值,ν 为煤体的泊松比。

再根据上文中提到的曲线对 6 个煤体试样进行数据统计分析,得到关于试样破坏特征的结论。由图 3-5 可见,应力值从 0 开始逐步增大,一直到轴向应力达到煤体的屈服强度值,6 个煤体的纵向应变—应力曲线的变化趋势较为相似,根据曲线的变化特征可以将变化过程分为以下几个阶段:

(1)压密阶段:煤体结构疏松多空,在外力作用下由于煤体的特殊结构,会造成内部孔隙、裂纹和节理被逐步压实,整个煤体结构会变得致密。在整个煤体被压实的过程中,试件在纵向上的应变和应力会发生非线性变化。在此阶段煤体纵向应变的增长速度随着煤体所受应力的匀速增加而呈现加速增长的变化趋势。煤体的压密阶段是否存在以及持续时间的长短主要取决于煤体试件内部原有节理、空隙和微裂隙的数量以及它们的几何特征。

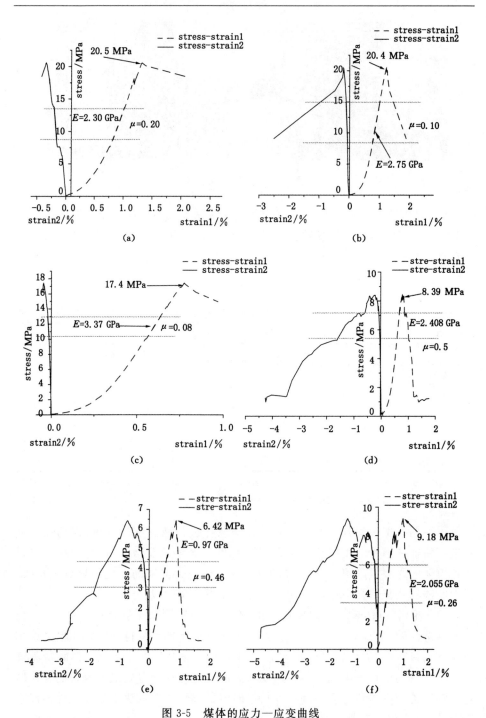

图 3-5　煤体的应力—应变曲线

（2）弹性变形至裂隙发展阶段：伴随着轴向荷载的不断加强，煤体被慢慢压至密实，煤体中存在的孔隙、裂纹和节理都会逐渐闭合，之后，随着压力继续施加，煤体纵向应变和应力又呈现了线性变化。但是伴随施加压力的继续增大，煤体中的部分微裂纹会发生扩展，并且生成新的裂纹，煤体内部的结构反而被破坏，之后随着应力增加，不管是横向还是纵向方向煤体的应变曲线幅度会增大。

（3）峰后阶段：煤体受到的压力达到可承受的最大负荷时，会发生断裂破坏现象。在此阶段，煤体内部产生大量的新裂隙，而且其发展极为迅速，相互贯通，逐渐形成宏观破裂面，煤体发生破坏。

本书通过对试验中各种参数和应力—应变曲线的分析得到以下结论：

（1）由图 3-5 可知，此 6 个煤体的应力—应变曲线的变化趋势大致相同，均是在达到峰值后迅速下降至最小应力。但是各个煤体的最大应力有所不同，前 3 块煤体的应力峰值平均值为 18 MPa，而后 3 块煤体应力峰值大约均为 8 MPa。这是由于实验所用的煤体试样不是取自同一块煤块，而且各个煤块的采集运输过程中以及对其切割加工过程中，煤体都会受到不同程度的震动，进而对其内部产生不同程度的破坏，导致煤体的应力峰值有所不同，因此，不同煤样存在着不同的抗压强度。

（2）由图 3-5 可知，6 个煤体试样的横向应力—应变曲线，无论是峰前及峰后特征都表现出大致相同。煤体横向应变随着轴向应力的增大而逐渐增大，在临近应力达到最大值时，横向应变速率迅速增长，致使煤体应力横向应变曲线在峰值前均显示斜率很大。因此可以得出，煤体的横向和纵向的变形特征存在差异性。

（3）由表 3-2 可见，这 6 个煤体取自不同的两个不同煤块，致使试样之间其力学和变形的离散程度较大，为了对后面不同煤块的煤体试样的破坏情况进行分析，以及对整个煤层的煤体力学性质有个全面的认识，仍然需要对煤体切割而成的不同煤块加以分析。各个煤体的单轴抗压强度分别为 20.5 MPa、20.4 MPa、17.4 MPa、8.39 MPa、6.42 MPa、9.18 MPa，平均值为 1.371 5 MPa，离散程度为 64.62％；而弹性模量分别为 2.3 GPa、2.75 GPa、3.37 GPa、2.408 GPa、0.97 GPa、2.055 GPa，平均值为 2.309 GPa，离散程度为 81.71％；轴向应力最大值处所对应的纵向应变分别为 1.052％、0.945％、1.370％、1.195％、1.622％、1.083％，平均值为 1.211 167％，离散程度为 55.90％。我们可以从中获得相应的结论：由于煤体结构存在大量孔隙而造成的不均匀，在试样加工制作过程中，又对其内部结构造成不同程度的影响，致使其单轴抗压强度、峰值强度处的纵向应变和横向应变最大值的离散程度很大。

3.3　煤样三轴试验

煤体所处的地质环境相当特殊,要考虑环境温度、瓦斯压力和地应力等多种影响因素。近几年,伴随着工业发展需要,煤炭需求量过大,需要开采力度加强。国内外许多学者[21-32]在大量数据和研究中发现,处于地底深层的煤体被赋予了特殊性质并且所处的环境也比较复杂,造成这种情况的原因多半是耦合作用造成的。煤体温度与地应力有着相关联系,地应力的改变又会造成煤层许多特性的相应改变。煤属于多孔隙介质材料,它的内部有孔洞和间隙,存在节理,这就造成了煤具有疏松多孔的结构特性,这一结构可以影响煤包括变形能力和渗流能力在内的许多特性。循环载荷和瓦斯气体在煤层中流窜的情况可能会同时发生的,在实际开采煤矿过程中就会因为这些因素而受到影响,但是对于这些影响因素的研究目前还比较少见,所以本书对于煤体在循环载荷条件下破裂的研究对现场开采过程具有一定的意义。

3.3.1　试验方案

本书所涉及的试验均在实验室内完成,本次试验采用的设备为 TYJ—2000KN 电液伺服岩石流变实验系统。

3.3.1.2　试验方案

本次试验试件采用 $\Phi 50$ mm $\times 100$ mm 标准圆柱形试件,围压分别设置为 2 MPa、4 MPa 和 6 MPa,并且在不同的围压条件下测试煤样的应力和应变,通过以上所述来确定不同情况下煤样的屈服强度,加载方式采用分级循环加载。

3.3.1.3　试验准备

第一步:将准备好的试件放置在压力机平台上的引伸计里面,并在试件的上下两个端面各自放置一个刚性垫块,让试件与上下两个垫块紧密接触,以保证试件在加载过程中应力能均匀地作用在试件上,如图 3-6 所示。

第二步:将准备好的煤样试件和垫块用管套固定住,管套的长度大约为 20 cm,管套的材质为热缩塑料,之后选择高功率的热吹风机,从管套的上方朝下缓慢进行吹气,将管套里面的空气尽可能排出,以保证试样侧壁与热缩管紧密接触。再利用金属箍将管套的两端紧紧箍牢。

第三步:将煤体试样装入三轴压力室。

完成以上准备工作后,开始进行试验,如图 3-7 所示。

3.3.2 全应力—应变下煤体的变形

通过全应力—应变试验得出煤体分别在围压为 2 MPa、4 MPa、6 MPa 条件下的屈服强度,以确定试验中循环载荷的上限应力值。本次仅以围压为 2 MPa 为例来简单叙述煤样的变形规律,如图 3-8 所示。

图 3-6　试件的安装

图 3-7　三轴压力室

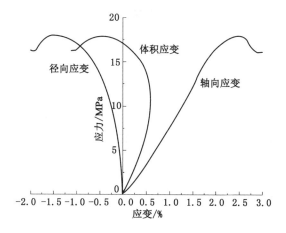

图 3-8　围压为 2 MPa 时全应力—应变图

由图 3-8 可以看出:① 应力—应变曲线显示出三个不同的阶段,依次是压密、线弹性以及塑性阶段;② 在前两个阶段的时候,煤样径向应变曲线的改变比较慢,一旦应力值增加到上限值后,径向应变改变的效果显著加快,其中上限值称为屈服强度,在剧烈的径向应变作用下,煤样试件的形貌结构被破坏,之后径向应变曲线逐渐趋于稳定;③ 与径向应变相比较,煤样试件的体积应变曲线变化更加显著,在前两个阶段,由于压力的作用,试件的体积逐渐缩小,当压力值增加到上限值时煤样体积达到最小,随后试样的体积出现变大的趋势,这是因为径向应变的速度比较快,加剧了体积应变改变的速度。最终煤样试件的体积大小超出了其初始数值,体积应变曲线显示出负数值,此结果表明,在比较高的应力条件下,围压对试件的约束力不断降低使得煤样试件所能承受的压力不断减弱。表 3-3 列出了煤样试件依次在围压为 2 MPa、4 MPa 和 6 MPa 压力下的力学特性。

表 3-3　　　　　　　　　　**不同围压下煤样的基本力学特性**

σ/MPa	σ_s/MPa	σ_x/MPa	E/GPa	σ_c/MPa
2	12.62	12	1.943	18.832
4	17.73	17	2.322	20.976
6	23.84	23	2.804	28.103

注:σ 为围压;σ_s 为屈服应力值;σ_x 为屈服应力取整数值;σ_c 为峰值强度。

3.4　循环载荷条件下煤体的变形破坏规律

3.4.1　实验方案

(1) 实验概况

本次试验试件采用 Φ50 mm×100 mm 标准圆柱形试件,围压分别设置为 2 MPa、4 MPa 和 6 MPa,并且在不同的围压条件下测试煤样的应力和应变,确定不同情况下煤样的屈服强度,加载方式采用分级循环加载。

(2) 循环加卸载试验步骤

本次试验加载采用分级循环加载方式,加载波形使用三角波形,其具体试验步骤如下:

第一步:对煤体试件施加 2 MPa 的围压。

第二步:将轴向应力以一定的速率加载,轴向应力从 0 开始,逐渐加压,直至达到循环的上限值 10 MPa,然后进行卸压操作,卸压至应力的下限值 0 时,停止操作,此时第 1 次压力循环试验结束。

第三步:进行第 2 次压力循环试验,上限值每一次循环增加 0.5 MPa,将轴向应力从下限值 0 开始,逐渐加压到上限值 10.5 MPa,最后再卸压到 0。

第四步:连续重复上一个操作过程,上限值增加到 11 MPa,一直持续进行循环测试试验,直至煤体产生破裂。

第五步:围压分别增加到 4 MPa、6 MPa,再重复第二步~第四步。

第七步:记录应力、应变等相关试验数据。

3.4.2 循环载荷下煤体的变形破坏规律

图 3-9 依次是煤样试件在 2 MPa、4 MPa 和 6 MPa 围压下的应力—应变曲线图。

从图 3-9 可以看出:当施加在煤样试件上的轴向应力值低于屈服强度值时,试件在压力循环试验中,属于线弹性阶段,随着循环压力的不断增加,试件将从线弹性阶段发展到塑性变形阶段,其内部裂隙将会渐渐扩展增多。由图 3-9 的应力—应变曲线图可以清楚地得出如下结果:基于煤样本身是非线性的,煤样试件在循环压力作用下,其加压曲线和卸压曲线并没有重合在一起,应变曲线在加压和卸压过程中分别显示出向上凸起和向下凹陷的形状,如此便构成了一个密闭形状的塑性滞回环曲线。试件的形貌变化具有塑性特征,在起先几次的压力循环测试中,滞回环曲线面积改变相对明显,之后继续循环中,面积保持稳定,几乎没有多大变化,应力—应变曲线基本上重合在一起了,并且随着循环测试次数的增加,相应的塑性滞回环曲线条数也在逐渐增多。塑性滞回环曲线面积的大小,对应应力循环单个过程中所需要的能量值,其中应变过程、煤样产生裂纹和试件中煤颗粒彼此间互相摩擦等均需要消耗大量的能量,塑性滞回环曲线面积的变化对应着相应能量消耗量的增减。在压力循环测试初期,对能量的消耗相对较高,经过几次循环以后,应变趋于稳定,每次压力循环测试对能量的需求变小,且在不同测试过程中消耗的能量值基本一致。煤样试件在经历压力循环测试时,会带来疲劳损伤现象,该现象主要发生在两个不同阶段。第一个阶段发生在应变初期,变形速度一般比较快,经过多次压力循环测试以后,变形速度不断降低并逐渐趋于稳定,因此,尽管继续增加压力测试循环的次数,塑性滞回环曲线却不会出现较大的改变。第二阶段,煤样试件在维持弹性阶段的同时,也发生了一定范围内的塑性变形,试件的应变趋势也在不断上升,进入到压密阶段的时候煤样体积则变小,试件里面并没有产生新的裂缝,继续拥有良好的完整性。

煤样试件内部存在两部分不同类型的变形:一部分为弹性变形,另一部分为塑性变形。煤体在压力循环测试过程中,弹性变形一直存在,当卸除应力时部分弹性变形可以恢复,而随着循环应力的不断增加,煤体将会产生塑性变形,且不能够完全恢复,这种变形会一直存在于试件内部,变形过程不可逆。导致煤样试

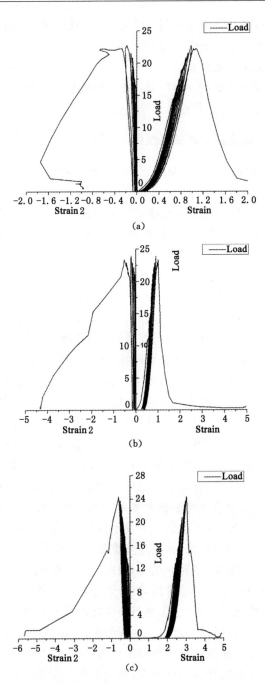

图 3-9 不同围压下的应力—应变曲线

(a) 围压 2 MPa；(b) 围压 4 MPa；(c) 围压 6 MPa

件产生损伤破坏现象的原因就是由于产生了塑性变形,试件在压力循环测试过程中破坏程度和破坏量的多少有着非常直接的联系,破坏程度与破坏量的高低能够直接反映出煤样试件力学性能恶化的程度。

3.4.3 煤体的变形破坏与循环次数的关系

煤体在不同围压条件下,进行压力循环测试时其变形结果表现出不同的规律,为了探究在加压过程和卸压过程变形的具体规律,本书选取应力—应变曲线上面的顶点和低点所对应的数值,以前 30 次的循环次数作为横坐标,轴向应变数值作为纵坐标,绘制出了相应的循环次数—轴向应变图,如图 3-10 所示。

根据图 3-10 能够得出下面的结论:当加卸压循环测试不断进行时,试件的轴向应变不断提高,并且前几次幅度的增加比较大,之后增大幅度逐渐变得平稳缓慢,最终达到一个稳定值。导致这种现象的主要原因是由于加卸压循环测试处于线弹性阶段,煤样试件的结构被压密压实,其内部原先的裂纹孔隙被逐渐消除,随着后续循环加卸载次数的继续增加,煤样试件在压力作用下变得更加致密,使得煤样试件在初期的轴向应变具有相对较快的增长速度,随后慢慢趋于稳定。

许江等人在试验基础上,系统地研究了细粒砂岩在加卸压循环测试下的变形情况,试验结果显示:第一次压力试验中,细粒砂岩的位移表现出较高改变,而从第二次压力测试以后,位移变化量基本上没有多大改变。相反,本书中加压阶段的曲线结果显示,煤样试件的轴向应变曲线在起初 5 次的循环测试中均显示出较大的变化量,自第 6 次加压循环测试起,试件的轴向应变曲线的改变才变得不很明显。经研究可以得知,造成这种结果的主要原因是因为原煤试样本身具有特定的力学性质。在加压测试过程中,当选取的围压值依次是 2 MPa、4 MPa和 6 MPa 时,煤样试件在起初的 10 次循环测试中,其轴向应变改变量的增长百分比依次是 1.86%、2.63% 和 3.28%,然而在随后的 10 次压力循环测试中,轴向应变的增长百分比明显降低,依次为 0.69%、1.08% 和 1.19%。卸压过程曲线图结果显示,煤样试件的轴向应变曲线的变化趋势和加压过程的变化趋势非常类似,但还存在着两个不同点,即轴向应变曲线趋于稳定状态时所需要的压力测试循环次数不一样,轴向应变曲线发生改变的幅度有较大的差异。在加卸压测试过程中,当选取的围压值分别为 2 MPa、4 MPa 和 6 MPa 时,在起初的 10 次循环测试中,煤样试件的轴向应变值增长百分比依次是 4.91%、5.18% 和 8.42%,然而在随后的 10 次压力测试中,轴向应变的增长百分比明显降低,依次为 0.89%、0.75% 和 2.3%。通过对比加压过程与卸压过程中轴向应变曲线百分比的增加量可以得出,煤样试件轴向应变幅度的变化量在卸压阶段明显高于

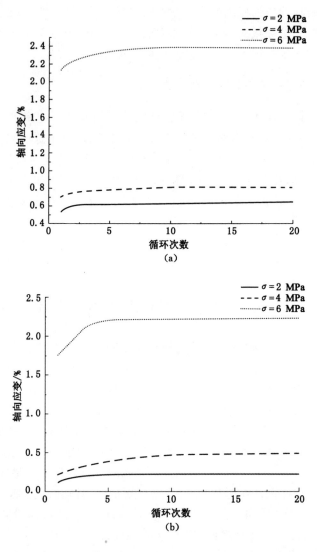

图 3-10 轴向应变与循环次数曲线图

(a) 加载阶段；(b) 卸载阶段

加压阶段。综合以上讨论结果表明，当所选取的围压值不断增大时，随着加卸压循环测试次数的逐渐增加，煤样试件的轴向应变曲线的变化趋势越来越明显。

图 3-11 为径向应变与循环次数的关系图，能够得出如下结论：当压力测试次数持续进行时，煤样试件的径向应变大小不断增大，并且在应变初期的增加速度比较快，之后逐渐变得稳定。造成这种结果的主要原因是由于最初几次的压

力循环让煤样试件的结构变得更加致密。径向应变曲线的变化情况和轴向应变相类似,试件在加压和卸压过程中,不仅其径向应变曲线趋于稳定时所需进行的压力测试循环次数不一样,两种不同压力变化条件下应变曲线幅度变化也有区别,其中卸压过程的幅度变化强度显然高于加压过程。

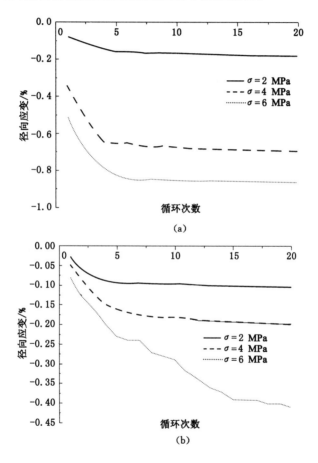

图 3-11　径向应变与循环次数曲线图
(a) 加载阶段;(b)卸载阶段

　　图 3-10 和图 3-11 依次对应于煤样试件的轴向与径向两种不同应变和加卸载次数间的关系图。图 3-12 则为煤样试件的体积应变与循环次数曲线图,该曲线图是对压力循环加载条件下轴向与径向两种应变曲线的综合,所以研究加压和卸压循环测试过程中煤样试件体积的变化也非常有意义。根据图 3-12 可知,随着加卸压循环测试次数的增加,煤样试件的体积、轴向和径向应变三者的变化

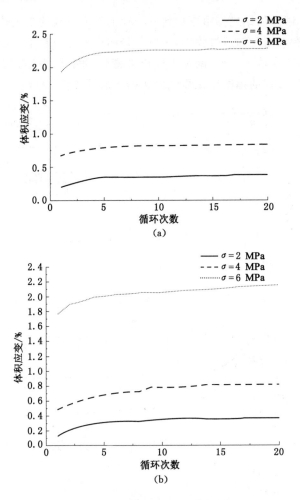

图 3-12　体积应变与循环次数曲线图

（a）加载阶段；（b）卸载阶段

趋势基本上一样,不同的地方在于曲线趋于稳定时所需要的加卸压循环次数不一样。根据图 3-12(a)能够得出如下结论:当选取的围压为 2 MPa 的情况下,要想使试件的体积应变曲线达到稳定状态,则需要进行 6 次加卸压循环试验;而当依次选取 4 MPa 和 6 MPa 时,为了使体积应变曲线变为稳定状态,则所需要的加卸压试验次数依次为 10 和 12 次。根据图 3-12(b)可以得出:当分别选用 2 MPa、4 MPa 和 6 MPa 作为围压值时,煤样试件的体积应变曲线图达到稳定状态时所需要的压力循环测试次数依次为 6 次、12 次和 18 次。由此可知,当测试过程中围压值不断增大时,试件的体积应变曲线达到稳定状态时所需要的压力循环测试次数也要增多。以上结果说明,在对煤层进行开采时,随着地应力的不断提高,围岩变形趋于稳定状态时所花费的时间就会增加,基于这种情况,在我们对煤层进行开采后,要持续地观测煤层围岩的变形量,确保煤层围岩在开采过程中的稳定性。

3.5　本章小结

根据煤岩体在实际煤矿开采过程中,循环应力会对煤岩体产生一系列力的作用,在实验室通过对煤体循环地加载和卸载应力的过程,来进一步验证煤体在该作用下产生的变形情况,主要得出以下几点结论:

(1) 循环应力被施加在煤体上时,加载应力曲线与卸载应力曲线并不会重合在一起,而是会形成一个封闭的滞回环;一般开始时的循环加载过程,塑性滞回环围成的面积变化的幅度很大,而在经过许多次的循环后,其面积基本保持不变;当不断循环时,煤体的塑性滞回环曲线会变得越来越紧密;加载一般分为两个阶段,产生煤体的疲劳损耗,包括应力产生应变的速度增加阶段和保持稳定阶段;塑性和弹性变形是煤体变形的主要方式,随着循环次数的不断增加,煤体内部也随着循环应力的不断增加由开始的弹性变形慢慢产生新的裂隙并不断扩展,直至发生破坏。

(2) 整个循环应力加载过程中,循环次数的增加,会使得煤体的弹性模量降低,这一情况在刚开始时尤为明显;煤体达到载荷极限之前,其弹性模量减少的速度会越来越小,最后保持不变。随着围压的增大,由于轴向应力的增大,煤体破裂时所需的循环次数也在不断增加。

(3) 煤体受到的轴向应力会产生轴向、径向以及体积的应变,当加载的应力不断增大时,三个应变都会随之增大,前几次循环施加在煤体上的应力产生应变增加得最多,经过不断循环之后会逐渐稳定;同等情况下煤体在达到应变稳定时需要的循环载荷的次数是一定的,而当围压不断提高时,相应所需的循环次数也会增加。

本章参考文献

[1] 蔡美峰,何满潮,刘东燕.岩石力学与工程[M].北京:科学出版社,2002.

[2] 苏承东,翟新献,李永明,等.煤样三轴压缩下变形和强度分析[J].岩石力学与工程学报,2006,25(2):2963-2968.

[3] XU J,PENG S,YIN Q. Development and application of triaxial servo-con-

trolled seepage equipment for thermo-fluid-solid coupling of coalcontaining methane[J]. Chinese Journal of Rock Mechanics and Engineering, 2010, 5:9.

[4] 尹光志,李广治,赵洪宝,等.煤岩全应力-应变过程中瓦斯流动特性试验研究[J].岩石力学与工程学报,2010,29(1):170-175.

[5] 尤明庆,华安增.岩石试样的三轴卸围压试验[J].岩石力学与工程学报,1998,17(1):24-29.

[6] 王在泉,张黎明,孙辉,等.不同卸荷速度条件下灰岩力学特性的实验研究[J].岩土力学,2011,32(4):1045-1050.

[7] 邱士利,冯夏庭,张传庆,等.不同初始损伤和卸荷路径下深埋大理岩卸荷力学特性试验研究[J].岩石力学与工程学报,2012,31(8):1686-1697.

[8] 邱士利,冯夏庭,张传庆,等.不同卸围压速率下深埋大理岩卸荷力学特性试验研究[J].岩石力学与工程学报,2010,29(9):1807-1817.

[9] 张凯,周辉,潘鹏志,等.不同卸荷速率下岩石强度特性研究[J].岩土力学,2010,31(7):2072-2078.

[10] 吕有厂,秦虎.含瓦斯煤岩卸围压力学特性及能量耗散分析[J].煤炭学报,2012,37(9):1505-1510.

[11] 王德超,王凯,等.煤岩强度及变形特征的微细观损伤机理[J].北京科技大学学报,2011,33(6):653-657.

[12] 白冰,唐礼忠,等.较低和较高围压下煤岩三轴实验及其塑性特征新表述[J].岩土力学,2010,31(3):677-682.

[13] 李小双,尹光志,赵洪宝,等.含瓦斯突出煤三轴压缩下力学性质实验研究[J].岩石力学与工程学报,2010,29(z1):3350-3358.

[14] 赵洪宝,李振华,仲淑姬,等.单轴压缩状态下含瓦斯煤岩力学特性实验研究[J].采矿与安全工程学报,2010,27(1):131-134.

[15] 肖福坤,刘刚,秦涛,赵荣欣.拉—压—剪应力下细砂岩和粗砂岩破裂过程声发射特性研究[J].岩石力学与工程学报,2016,35(S2):3458-3472.

[16] 肖福坤,刘刚,申志亮,等.循环载荷作用下煤样能量转化规律和声发射变化特征[J].岩石力学与工程学报,2016,35(10):1954-1964.

[17] XIAO FUKUN,LIU GANG,ZHANG ZE,et al. Acoustic emission characteristics and stress release rate of coal samples in different dynamic destruction time[J]. International Journal of Mining Science and Technology,2016(6):981-988.

4 热固气耦合作用下煤体渗流特性试验研究

瓦斯在煤体中流动是一个极其复杂的热固气耦合动态问题,涉及多因素、多场耦合作用。在煤矿开采过程中发生的各种瓦斯动力灾害,如煤与瓦斯突出、瓦斯异常涌出等都是煤体与瓦斯在热固气耦合共同作用下所产生的动力破坏现象。研究瓦斯在煤体中流动时煤体渗透率变化也非常复杂,受到瓦斯压力、温度、地应力耦合作用下的影响。本章节利用热固气耦合三轴伺服实验装置进行煤体瓦斯渗流试验,分析有效应力、瓦斯压力、温度对煤体渗流特性的影响及全应力—应变过程煤体渗流特性变化规律。

4.1 试验条件

4.1.1 试验设备

本试验采用黑龙江科技大学黑龙江省煤矿深部开采地压控制与瓦斯治理重点实验室和海安华达石油仪器有限公司联合研制的热固气耦合三轴伺服实验装置,其工作原理和实物见图 4-1 所示。此设备可进行真三轴压力作用下渗透、蠕变实验,可独立地改变三个方向的主应力 σ_1、σ_2、σ_3 和瓦斯压力 p 及温度 T,模拟含瓦斯煤体渗流特性、变形特性等多种功能。该装置主要由 6 部分组成:伺服加载系统、应力应变测量系统、气体压力供给系统、温度控制系统、流量监测系统及计算机采集控制系统。伺服加载系统由三向加载泵和夹持器组成,应力应变测量系统由应力传感器和位移传感器组成;气体压力供给系统由高压瓦斯气瓶和减压阀门组成;温度传感控制系统由恒温箱和温度传感器组成。通过计算机采集控制系统时刻对数据进行采集和记录。

4.1.2 样品准备

试验所用煤体来自鸡西市东海煤矿 32 煤层六采区,选用工作面刚采下无风化的、表面无大裂纹、体积较大的煤块,埋深大约为 -600 m。在取样过程中,对煤体受力方向进行记录,在试样加工后标注其受力方向。为了方便对所取煤体的运输和加工,在现场挑选大致呈方形的煤块,而且垂直于层理方向的厚度达到

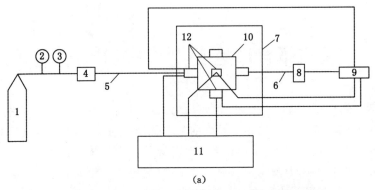

(a)

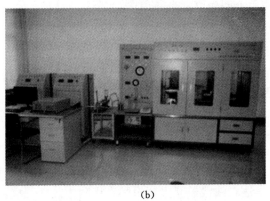

(b)

图 4-1　热固气耦合实验系统

(a)试验装置原理;(b)试验装置实物图

1——高压瓦斯气瓶;2——压力计;3——加压阀;4——压力调节系统;

5——进气管道;6——出气管道;7——恒温箱;8——流量监测系统;

9——计算机采集控制系统;10——真三轴夹持器;11——伺服泵;12——应力应变温度传感器

150 cm 以上,用保鲜膜在井下进行包装,升井后立刻用塑料布和透明胶带再次进行密封,此目的是为了避免煤体因暴露在空气中风化而对煤体的力学性质造成影响。为避免运输过程中外界因素对煤块产生碰撞,因此在放置煤体的木箱六个面均放置了泡沫板,然后运至实验室。

本书所用煤体试样均在实验室加工完成,煤体尺寸采用 50 mm×50 mm×100 mm 的标准尺寸。煤体试件加工流程为:首先采用切石机对采集的煤块进行切割,再用磨石机对煤样上、下面进行磨平,以确保各个煤体试件的高度误差和上下面的平行度均满足要求。因煤块内部本身存在裂隙,而且在运输和切割过程中对其造成一定程度的破坏,使得煤体试件的加工难度较大,加工的原煤煤样如图 4-2 所示。对所有煤体进行烘干处理,使其接近其加工前的湿度,最后用保鲜膜对其进行多层缠裹,避免其发生风化。

图 4-2　原煤煤样

4.1.3　基本物理参数的测定

依据《煤和岩石物理力学性质测定方法 第 3 部分:煤和岩石块体密度测定方法》(GB/T 23561.3—2009)、《煤和岩石物理力学性质测定方法 第 4 部分:煤和岩石孔隙率计算方法》(GB/T 23561.4—2009)、《煤和岩石物理力学性质测定方法 第 7 部分:单轴抗压强度测定及软化系数计算方法》(GB/T 23561.7—2009)测得煤样的密度、初始孔隙率、弹性模量、泊松比,测试设备如图 4-3 所示。依据《煤和岩石渗透率测定方法》(MT 223—90)测得煤样的初始渗透率,试验测各煤体初始孔隙率和渗透率相差无几,取平均值,实验煤样的基本参数如表 4-1 所示。

表 4-1　　　　　　　　　　　　实验煤样的基本物理参数

弹性模/MPa	泊松比	密度(kg/m³)	初始孔隙率	初始渗透率/m²
4 100	0.23	1 350	0.082 8	7.8×10^{-15}

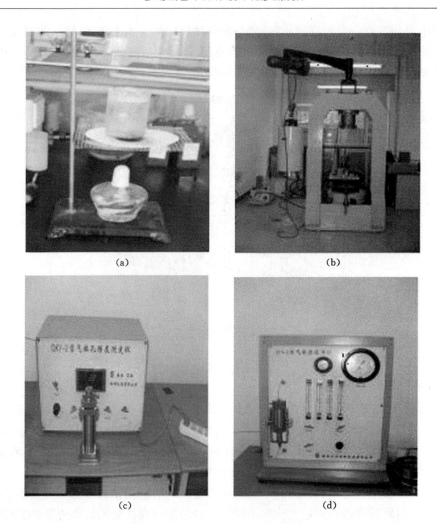

图 4-3　基本物理参数测试设备

(a)蜡封法煤体密度测定设备；

(b)煤体弹性模量、泊松比测定设备(TAW—2000KN 电液伺服岩石三轴试验系统)；

(c)煤体初始孔隙率测定装备(QKY—2 气体孔隙率测定仪)；

(d)煤体初始渗透率测定装备(STY—2 型气体渗透率仪)

4.2　有效应力对煤体渗透率的影响

掌握煤体渗透率变化规律是防治瓦斯动力灾害的关键问题。煤层采掘后，由于有效应力的作用,使部分煤体压缩变形,孔隙率降低,妨碍瓦斯渗透；或由于卸压作用,造成部分煤体伸张变形,在煤层中形成新的裂隙,使煤的渗透性能增加。煤体有效应力状态的改变导致煤体裂隙场的变化,进而引起孔隙率的变化,最终使其渗透率发生动态演化,在其演化过程中有效应力的变化对渗透率的动态演化有重要影响。

有效应力对煤体渗透率的影响,国内外学者都进行了一些研究。姜德义等[1]分别通过理论和实验研究有效应力对渗透率的作用机理,通过理论和实验对比分析得到有效应力与渗透率之间的数学表达式为三次多项式。唐巨鹏等[2]利用自主研发的实验设备进行瓦斯渗流吸附实验,实验先进行有效应力加载然后卸载,得到复杂有效应力条件下瓦斯渗流和吸附的规律。贺玉龙等[3]充分考虑当有效应力和温度改变时,砂岩孔隙率和渗透率会产生的变化情况,通过试验研究它们的影响机理。曾平等[4]在实验室进行大量实验的基础上,得到了有效应力与低渗透砂岩渗透率之间的关系。代平等[5]通过试验得到有效应力对孔隙率的影响较小,对渗透率影响较大。康毅力等[6]通过改变有效应力的大小,微观观察孔隙结构参数的变化,从而得到它们的变化规律。闫铁等[7]基于分形方法通过计算机建立多孔介质有效应力模型,观察孔隙结构的变化,从而得到有效应力的分形形式。尹光志等[8]对原煤应用自主研发的实验装置进行加卸载条件下的渗透实验,得到加卸载条件下有效应力对渗透率的影响规律。薛培等[9]通过试验研究煤体渗透率应力敏感系数,分析有效应力的影响,得到其呈指数函数变化。谷达圣等[10]采用型煤进行试验研究,应用了自主开发的实验设备开展了一系列实验,得到了在有效应力下试件吸附不同气体渗透率也明显不同。M. A. Biot[11]提出了有效应力与渗透场之间关系。Siavash Ghabezloo等[12]对不同围压及不同孔隙压力条件下石灰岩的渗流特性进行了试验研究,并提出了基于有效应力的渗透率方程。

就目前的研究来看,有效应力对煤体渗透率影响的研究较多,且成果显著,但研究中考虑的因素仍有所不足。煤矿开采中煤体的变形和瓦斯的流动都受到瓦斯压力、有效应力、温度综合作用的影响,也称为热固气耦合作用的影响。煤体应力场的变化同时也受到瓦斯压力场、温度场的影响,因此在研究有效应力对煤体渗透率的影响时,应该同时考虑温度、瓦斯压力等因素的影响,不能随意舍弃。本书即从这一角度出发,在进行有效应力对煤体渗透率影响研究的基础上,同时考虑温度、瓦斯压力等因素的影响,提出了基于有效应力的渗透率计算公式,并且利用自主研发的热固气耦合三轴伺服实验装置进行有效应力对煤体渗透率影响的研究,所获得的结果对于瓦斯动力灾害的防治有着理论和实际意义。

4.2.1　有效应力的渗透率模型

当有效应力作用于原煤时,有效应力计算公式为:

$$\sigma'_{ij} = \sigma_{ij} - \alpha p \delta_{ij} \tag{4-1}$$

式中　σ'_{ij}——有效应力,MPa;

　　　σ_{ij}——总应力,MPa;

　　　α——Biot 有效应力系数;

　　　p——孔隙瓦斯压力,MPa;

　　　δ_{ij}——Kronecker 符号。

1957 年 Gesstsma 和 Skempton 在对孔隙岩石进行试验的基础上,提出了有效应力系数与体积模量的关系,即:

$$\alpha = 1 - \frac{K}{K_s} \tag{4-2}$$

式中　K——煤样的体积模量,MPa;

　　　K_s——煤样骨架的体积模量,MPa。

煤中瓦斯的吸附解析为等温过程且符合 Langmuir 方程。煤为孔隙裂隙双重介质,瓦斯在煤中存在两种相互竞争作用:瓦斯吸附作用和瓦斯力学作用。瓦斯吸附导致煤基质膨胀,瓦斯力学作用导致煤基质收缩。当原煤受到开采扰动时,体积应力与孔隙率随之发生变化,从而导致渗透率与有效应力系数均发生动态变化。考虑瓦斯压力和温度作用的影响,式(4-2)中煤样骨架的体积模量 K_s 表达式为:

$$K_s = \frac{E_s}{3(1-2\nu_s)} \frac{1}{\left[1 - \frac{\rho R T a \ln(1+bp)}{p(1-\varphi)}\right]} \tag{4-3}$$

式中　E_s——煤样骨架的弹性模量,MPa;

　　　ν_s——煤样骨架的泊松比;

　　　a——在一定孔隙压力时煤样的极限吸附量,m^3/t;

　　　b——煤样的吸附平衡常数,MPa^{-1};

　　　R——摩尔气体常数,$R=8.3143\ J/(mol \cdot K)$;

　　　ρ——煤的视密度,kg/m^3;

　　　φ——煤样的孔隙率;

　　　T——煤样的温度,K。

煤样的孔隙率变化与煤样骨架结构的体积变化相关,其孔隙率表达式为:

$$\varphi = \frac{\varphi_0 + \varepsilon_v}{1 + \varepsilon_v} \tag{4-4}$$

式中　φ_0——煤样的初始孔隙率;

　　　ε_v——煤样的体积应变。

考虑瓦斯吸附及瓦斯力学双重作用,煤样的体积应变表达式为:

$$\varepsilon_v = -\frac{1}{K}(\bar{\sigma} - \alpha p) + \varepsilon_s \tag{4-5}$$

式中,$\bar{\sigma} = \sigma_{ij}/3$;$\varepsilon_s$ 为瓦斯吸附引起的体积应变,可以用类似于 Langmuir 方程的形式表达为:

$$\varepsilon_s = \varepsilon_L \frac{p}{p_L + p} \tag{4-6}$$

其中　ε_L——孔隙压力为无穷大时煤样理论最大应变;

　　　p_L——达到煤样最大体积应变的一半时对应的孔隙瓦斯压力,MPa。

将式(4-3)代入式(4-2)中,得到有效应力系数的表达式为:

$$\alpha = 1 - \frac{3K(1 - 2\nu_s)}{E_s}\left[1 - \frac{\rho R T a \ln(1 + bp)}{p(1 - \varphi)}\right] \tag{4-7}$$

煤样的有效应力表达式为:

$$\Theta' = \Theta - 3p\left\{1 - \frac{3K(1 - 2\nu_s)}{E_s}\left[1 - \frac{\rho R T a \ln(1 + bp)}{p(1 - \varphi)}\right]\right\} \tag{4-8}$$

式中　Θ'——煤样的有效体积应力,MPa;

　　　Θ——煤样的体积应力,$\Theta = \sigma_1 + \sigma_2 + \sigma_3$,MPa。

渗透率 k 与有效应力的表达式为:

$$k = ck_0 \exp(d\Theta') \tag{4-9}$$

式中　k_0——煤样的初始渗透率,m^2;

　　　d——常数。

将(4-8)代入式(4-9)得:

$$k = ck_0 \exp\left(d\left\{\Theta - 3p\left\{1 - \frac{3K(1 - 2\nu_s)}{E_s}\left[1 - \frac{\rho R T a \ln(1 + bp)}{p(1 - \varphi)}\right]\right\}\right\}\right) \tag{4-10}$$

式中　c——常数。

4.2.2　试验方案及计算方法

本次实验为了研究有效应力对煤体的渗透的影响,采用纯甲烷气体,首先将制作好的方形煤样装入到真三轴夹持器中,安装加载压头、传感器及瓦斯加载线路。然后拧紧螺丝,检查各连接点,调节密封渗透水压力(围压)为 2 MPa,确保设备的气密性较好及试件均匀加载。用真空泵将试件连续抽真空 1 h,以消除其他气体对渗透特性的影响。待煤体吸附平衡后进行渗流实验。试验首先调节密封渗透水压力(围压)确保设备的气密性较好及试件均匀加载;然后分别进行了瓦斯压力为 0.3 MPa、0.9 MPa 和 1.5 MPa,温度为 30 ℃、40 ℃、50 ℃、60 ℃、70 ℃,有效应力为 2 MPa、4 MPa、6 MPa、8 MP 和 10 MPa 条件下的煤体渗流试验。

　　煤体渗透率的测定方法基本上可以分为实验室测定法和现场测定法。但现场测定法具有测试周期长、耗资大、测试误差较大的缺陷。为了能够探讨瓦斯在煤层内部的运移规律,本次实验采用实验室测定法来测定含瓦斯煤体的渗透率。根据《岩心分析方法》(SY/T 5336—2006),在实验室测定试样渗透率时应基于达西定律稳定流法对其进行计算,根据试样两端的孔隙压力梯度和瓦斯气体通过试样的稳定渗流量等参数来计算试样的渗透率,计算公式为:

$$k = \frac{2Qp_0\mu L}{A(p_1^2 - p_2^2)} \tag{4-11}$$

式中　k——渗透率,m^2;

　　　Q——气体流量,cm^3/s;

　　　p_0——试验时的大气压;

　　　μ——瓦斯黏度系数,$MPa \cdot s$;

　　　L——试件的长度,mm;

　　　A——试件的横截面积,mm^2;

　　　p_1——进口瓦斯压力,MPa;

　　　p_2——出口瓦斯压力,MPa。

4.2.3　试验结果及分析

　　实验研究有效应力对煤体的渗透规律,分别进行了瓦斯压力为0.3 MPa、0.9 MPa和1.5 MPa,温度为30 ℃、40 ℃、50 ℃、60 ℃、70 ℃,有效应力为2 MPa、4 MPa、6 MPa、8 MP和10 MPa条件下的含瓦斯煤体渗流试验。实验原始数据见表4-2～表4-4,根据试验数据列出了不同温度和瓦斯压力组合下,煤体与有效应力之间的关系曲线,如图4-4～图4-6所示。

表4-2　瓦斯压力为0.3 MPa时不同有效应力下煤体渗透率值

有效应力/MPa	温度/℃				
	30	40	50	60	70
2	5.98	4.34	3.52	2.86	2.35
4	5.17	3.69	2.84	2.31	1.88
6	4.42	3.18	2.46	1.85	1.57
8	3.71	2.64	2.11	1.52	1.32
10	2.99	2.13	1.78	1.24	1.02

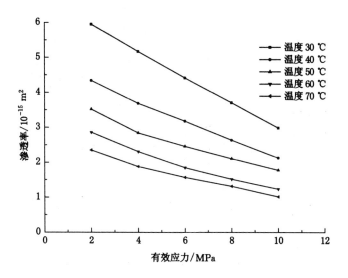

图 4-4　瓦斯压力为 0.3 MPa 时不同温度条件下煤体渗透率随有效应力的变化

对数据进行处理,拟合出上述条件下有效应力与煤体渗透率之间的关系式:

$$
\left.
\begin{aligned}
y &= 7.109\,94\exp(-0.082\,63x)\ (R^2 = 0.991\,68)\\
y &= 5.189\,43\exp(-0.085\,58x)\ (R^2 = 0.994\,28)\\
y &= 4.105\,97\exp(-0.084\,72x)\ (R^2 = 0.991\,64)\\
y &= 3.522\,93\exp(-0.105\,44x)\ (R^2 = 0.999\,45)\\
y &= 2.857\,79\exp(-0.100\,44x)\ (R^2 = 0.995\,47)
\end{aligned}
\right\}
\tag{4-12}
$$

表 4-3　　　　瓦斯压力为 0.9 MPa 时不同有效应力下煤体渗透率值

有效应力/MPa	温度/℃				
	30	40	50	60	70
2	1.80	1.39	1.08	0.84	0.69
4	1.48	1.13	0.91	0.71	0.58
6	1.28	1.01	0.77	0.56	0.46
8	1.10	0.83	0.65	0.46	0.38
10	0.93	0.71	0.56	0.40	0.31

对数据进行处理,拟合出上述条件下有效应力与煤体渗透率之间的关系式:

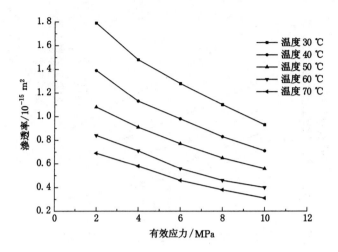

图 4-5　瓦斯压力为 0.9 MPa 时不同温度条件下煤体渗透率随有效应力的变化

$$
\left.
\begin{aligned}
y &= 2.085\ 74\exp(-0.081\ 14x)\ (R^2 = 0.995\ 47)\\
y &= 1.623\ 20\exp(-0.084\ 14x)\ (R^2 = 0.993\ 85)\\
y &= 1.272\ 05\exp(-0.083\ 15x)\ (R^2 = 0.999\ 44)\\
y &= 1.024\ 74\exp(-0.097\ 16x)\ (R^2 = 0.993\ 25)\\
y &= 0.850\ 06\exp(-0.100\ 52x)\ (R^2 = 0.997\ 37)
\end{aligned}
\right\}
\qquad (4\text{-}13)
$$

表 4-4　瓦斯压力为 1.5 MPa 时不同有效应力下煤体渗透率值

有效应力/MPa	温度/℃				
	30	40	50	60	70
2	1.27	0.95	0.74	0.54	0.44
4	1.06	0.77	0.61	0.44	0.35
6	0.88	0.64	0.50	0.36	0.28
8	0.72	0.53	0.42	0.29	0.23
10	0.58	0.44	0.36	0.24	0.19

对数据进行处理,拟合出上述条件下有效应力与煤体渗透率之间的关系式:

$$
\left.
\begin{aligned}
y &= 1.548\ 15\exp(-0.096\ 09x)\ (R^2 = 0.998\ 44)\\
y &= 1.145\ 67\exp(-0.096\ 61x)\ (R^2 = 0.998\ 99)\\
y &= 0.885\ 32\exp(-0.092\ 48x)\ (R^2 = 0.997\ 49)\\
y &= 0.662\ 33\exp(-0.102\ 15x)\ (R^2 = 0.999\ 76)\\
y &= 0.541\ 33\exp(-0.107\ 14x)\ (R^2 = 0.998\ 01)
\end{aligned}
\right\}
\qquad (4\text{-}14)
$$

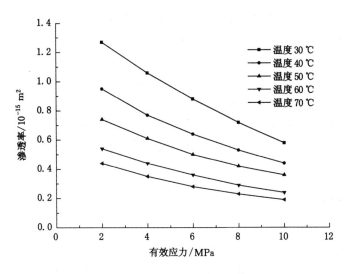

图4-6　瓦斯压力为1.5 MPa时不同温度条件下煤体渗透率随有效应力的变化

　　从上面分析可知,在试验中保持瓦斯压力和温度的数值不变,只改变有效应力的大小,煤体渗透率随有效应力增大逐渐减小。随着有效应力的增大,煤体被压缩的变形量逐渐增大,裂隙孔隙被逐渐压实,渗流通道逐渐变小,因此渗透率降低。在温度为30 ℃时,由于温度较低,热效应对煤体的影响较小,煤体主要受到有效应力的影响,温度对煤体骨架的影响可以忽略不计,因此渗透率下降较快。而随着温度的升高,热效应对煤体骨架和瓦斯吸附影响加深,煤体骨架受温度影响产生的变形已经不可忽视,在较高温度时,温度对煤体变形的影响和有效应力对煤体变形的影响已经相差无几,因此渗透率下降变得平缓。

　　经上述研究可以发现,在温度和瓦斯压力保持恒定的条件下,煤样渗透率随有效应力的升高而呈负指数函数规律减小,其关系式可以表示为:

$$k = a \cdot e^{b\sigma} \tag{4-15}$$

式中　k——渗透率;

　　　σ——有效应力;

　　　a、b——拟合系数。

4.3　温度对煤体渗透特性的影响

　　煤体瓦斯运移是非常复杂的渗流过程,受裂隙场、应力场、温度场等多种因素的影响[13]。众多学者开展了研究,张东明等[14]、李志强等[15]分别进行了煤体渗透性试验,得到在一定有效应力作用下,温度与渗透率并不是单调的函数关系,存在一临界温度,且有效应力与煤基质温度膨胀应力的大小决定着渗透率的增加或减小;李义贤等[16]用试验得出煤体的渗透率有一个阈值温度,当煤体的温度超过其值后,渗透率会大幅增大;刘纪坤等[17]对不同压力条件下煤体瓦斯解吸过程温度变化曲线进行拟合,所得曲线符合指数函数;Vizseralek 等[18]用试验得到了煤体渗透率在不同热膨胀阶段的变化规律;M. Lion 等[19]通过不同温度下煤体渗透率与孔隙率关系的试验研究,得到了渗透率与温度呈正指数关系的结果。本节开展了在不同压力和有效应力条件下的温度对煤体渗透率影响的实验研究。

4.3.1　试验方案

为了研究温度对煤体的渗透规律,实验采用纯甲烷气体,煤体吸附平衡后进行渗流实验。首先调节密封渗透水压力(围压)为 2 MPa,确保设备的气密性较好及试件均匀加载;然后分别进行了有效应力为 2 MPa、4 MPa 和 6 MPa,瓦斯压力为 0.3 MPa、0.6 MPa、0.9 MPa、1.2 MPa 和 1.5 MPa,温度为 30 ℃、40 ℃、50 ℃、60 ℃、70 ℃条件下的三轴加载渗透试验。

4.3.2　试验结果及分析

图 4-7~图 4-9 为有效应力是 2 MPa、4 MPa、6 MPa 时不同瓦斯压力条件下煤体渗透率随温度的变化,表 4-5~表 4-7 为煤体渗透率试验数值。

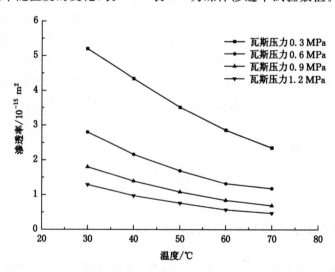

图 4-7　有效应力为 2 MPa 时不同瓦斯压力条件下煤体渗透率随温度的变化

表 4-5　　　　　有效应力为 2 MPa 时不同温度下煤体渗透率数值

温度/℃	瓦斯压力/MPa				
	0.3	0.6	0.9	1.2	1.5
30	5.84	2.80	1.80	1.29	1.27
40	4.34	2.16	1.39	0.97	0.95
50	3.52	1.69	1.08	0.76	0.74
60	2.86	1.32	0.84	0.57	0.54
70	2.35	1.18	0.69	0.47	0.44

对表 4-5 数据进行处理,拟合出上述条件下温度与含瓦斯煤体渗透率之间的关系式:

$$\left.\begin{aligned}
y &= 9.503\,69\exp(-0.019\,90x)\ (R^2 = 0.998\,90) \\
y &= 5.574\,74\exp(-0.023\,58x)\ (R^2 = 0.988\,27) \\
y &= 3.763\,11\exp(-0.024\,76x)\ (R^2 = 0.998\,25) \\
y &= 2.806\,40\exp(-0.026\,17x)\ (R^2 = 0.997\,06)
\end{aligned}\right\} \quad (4\text{-}16)$$

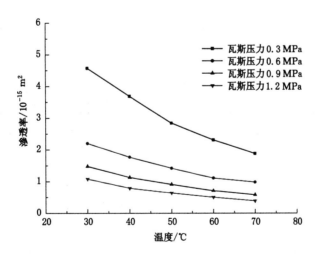

图 4-8　有效应力为 4 MPa 时不同瓦斯压力条件下煤体渗透率随温度的变化

表 4-6		有效应力为 4 MPa 时不同温度下煤体渗透率数值			
温度/℃	瓦斯压力/MPa				
	0.3	0.6	0.9	1.2	1.5
30	4.57	2.20	1.48	1.08	1.06
40	3.69	1.77	1.13	0.79	0.77
50	2.84	1.42	0.91	0.64	0.61
60	2.31	1.11	0.71	0.50	0.44
70	1.88	0.98	0.58	0.39	0.35

对表 4-6 数据进行处理,拟合出上述条件下温度与煤体渗透率之间的关系式:

$$\left.\begin{array}{l} y = 9.039\ 41\exp(-0.022\ 7x)\ (R^2 = 0.997\ 86) \\ y = 4.160\ 65\exp(-0.021\ 4x)\ (R^2 = 0.994\ 08) \\ y = 3.001\ 60\exp(-0.023\ 9x)\ (R^2 = 0.997\ 14) \\ y = 2.290\ 68\exp(-0.025\ 6x)\ (R^2 = 0.993\ 13) \end{array}\right\} \qquad (4\text{-}17)$$

表 4-7		有效应力为 6 MPa 时不同温度下煤体渗透率数值			
温度/℃	瓦斯压力/MPa				
	0.3	0.6	0.9	1.2	1.5
30	4.22	1.84	1.28	0.95	0.88
40	3.18	1.63	0.98	0.71	0.64
50	2.46	1.28	0.77	0.54	0.50
60	1.85	0.85	0.56	0.40	0.35
70	1.57	0.75	0.46	0.31	0.28

对表 4-7 数据进行处理,拟合出上述条件下温度与煤体渗透率之间的关系式:

$$\left.\begin{array}{l} y = 8.412\ 96\exp(-0.024\ 56x)\ (R^2 = 0.996\ 38) \\ y = 3.785\ 27\exp(-0.024\ 34x)\ (R^2 = 0.989\ 19) \\ y = 2.811\ 53\exp(-0.026\ 25x)\ (R^2 = 0.997\ 47) \\ y = 2.219\ 34\exp(-0.028\ 36x)\ (R^2 = 0.999\ 62) \end{array}\right\} \qquad (4\text{-}18)$$

从以上分析可知,在试验中保持瓦斯压力和有效应力数值不变,改变试验的温度,在低温时,随着温度的逐渐升高,煤体渗透率降低幅度较大;当温度升高超过 45 ℃时,渗透率变化逐渐变得稳定。笔者认为对本次渗透率实验而言,其原因在于:① 温度对煤体结构有着重要的影响,温度升高会导致煤体质软、易碎,

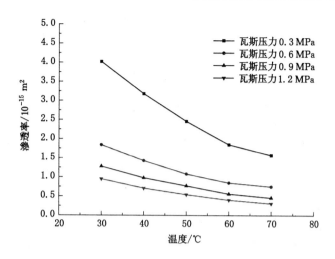

图 4-9　有效应力为 6 MPa 时不同瓦斯压力条件下煤体渗透率随温度的变化

塑性增强,因此在相同条件下煤体内部裂隙和孔隙更容易被压缩,导致渗透率降低;② 温度对煤体变形有着重要的影响,根据"热胀冷缩效应",当温度升高时,煤体会发生内部热膨胀变形,这样就挤压了原有的裂隙和孔隙,使煤体内部变得更加密实,瓦斯不容易渗入,导致渗透率降低;③ 温度升高会导致瓦斯黏度系数增加,瓦斯在煤体中流动变得缓慢,不易于瓦斯在煤体中渗透;④ 随着温度的升高,煤体会发生内部热膨胀变形,然而煤体内部空间是有限的,当煤体吸附瓦斯到一定程度时,内部空间已被占据完全,不会再发生内膨胀效应,因此渗透率变化变得缓慢。

经拟合公式(4-16)～式(4-18)可以发现,当有效应力和瓦斯压力不变时,煤样渗透率与温度的关系可以用指数关系来表示:

$$k = a \cdot e^{bT} \tag{4-19}$$

式中　　k——渗透率;

　　　　T——温度;

　　　　a、b——拟合系数。

4.4　瓦斯压力对煤体渗透特性的影响

瓦斯压力与煤体渗透之间的关系,众多学者开展了大量的实验研究,取得了诸多研究成果。王刚等[20]在温度恒定、径向应变受到严格约束和水分不变的条件下进行实验研究,得到理论值和实验值的基本变化趋势是一致的,瓦斯压力变化对渗透性有明显的影响,且瓦斯压力对于不同吸附性能的煤样影响程度不同。李佳伟等[21]对原煤进行渗流试验,得到在相同瓦斯压力下,煤岩的渗透率变化规律与流量变化规律相同,在不同瓦斯压力下,随着瓦斯压力升高,流量逐渐增大,而渗透率逐渐减小。曹树刚等[22]进行不同轴压围压条件下瓦斯压力对突出原煤渗流特性试验,得到瓦斯渗流速度随着瓦斯压力的增加而增加,呈显著的二次多项式函数关系;随着瓦斯压力的增加,突出煤体的渗透率呈现出先减小后增大的趋势,具有明显的 Klinkenberg 效应,渗透率随瓦斯压力的增加呈"V"字形变化,具有明显的阶段性。尹光志等[23]以原煤煤样作为研究对象,在不同瓦斯压力条件下对含瓦斯煤进行了固定轴向应力的卸围压瓦斯渗流试验,得到开始卸围压后煤体出现明显的扩容现象,径向发生明显膨胀应变,煤体中的渗流通道张开,煤体中瓦斯的渗流速率随之加快,随着瓦斯压力的升高,解除单位围压后煤样产生的变形变大,渗流升高的速率也随之增大。肖福坤、刘刚等[24-26]针对固热气耦合条件下低透煤、含瓦斯钻孔煤渗流特性和声学特征进行了分析。

4.4.1 试验方案

本次试验采用纯甲烷气体,煤体吸附平衡后进行渗流实验,对试件分级施加温度、有效应力和瓦斯压力,采用稳态法测试。试验首先调节密封渗透水压力(围压)为 2 MPa,确保设备的气密性较好及试件均匀加载;然后分别进行温度为 30 ℃、50 ℃ 和 70 ℃,有效应力为 2 MPa、4 MPa、6 MPa、8 MPa 和 10 MPa 条件下,使瓦斯压力从 0.3 MPa、0.6 MPa、0.9 MPa、1.2 MPa、1.5 MPa 依次增加时的煤体渗流试验。

4.4.2 瓦斯压力对煤体渗透率的影响

表 4-8～表 4-10 为煤体渗透率试验数值,通过对试验数据进行处理,得到煤体渗透率与瓦斯压力的关系曲线图,如图 4-10～图 4-12 所示。

表 4-8   **$T=30$ ℃ 时不同瓦斯压力下煤体渗透率数值**

瓦斯压力/MPa	有效应力/MPa				
	2	4	6	8	10
0.3	5.84	4.57	4.22	3.51	2.79
0.6	2.80	2.20	1.84	1.62	1.39
0.9	1.80	1.48	1.28	1.10	0.93
1.2	1.29	1.08	0.95	0.75	0.61
1.5	1.27	1.06	0.88	0.72	0.58

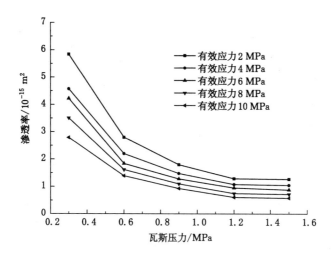

图 4-10　温度为 30 ℃时不同有效应力条件下煤体渗透率随瓦斯压力的变化

对表 4-8 数据进行处理,拟合出上述条件下瓦斯压力与煤体渗透率之间的关系式:

$$\left.\begin{array}{l}
y = 5.192\ 54x^2 - 12.878\ 57x + 9.06\ (R^2 = 0.962\ 55) \\
y = 3.984\ 13x^2 - 9.884\ 76x + 7.03\ (R^2 = 0.956\ 15) \\
y = 3.849\ 21x^2 - 9.451\ 90x + 6.53\ (R^2 = 0.926\ 97) \\
y = 3.087\ 30x^2 - 7.707\ 14x + 5.42\ (R^2 = 0.967\ 09) \\
y = 2.285\ 71x^2 - 5.847\ 62x + 4.26\ (R^2 = 0.963\ 99)
\end{array}\right\} \qquad (4\text{-}20)$$

表 4-9　　　　　　　$T = 50$ ℃时不同瓦斯压力下煤体渗透率数值

瓦斯压力/MPa	有效应力/MPa				
	2	4	6	8	10
0.3	3.52	2.84	2.46	2.11	1.78
0.6	1.69	1.42	1.28	1.12	1.03
0.9	1.08	0.91	0.77	0.65	0.56
1.2	0.76	0.64	0.54	0.45	0.39
1.5	0.74	0.61	0.50	0.42	0.36

对表 4-9 数据进行处理,拟合出上述条件下瓦斯压力与煤体渗透率之间的关系式:

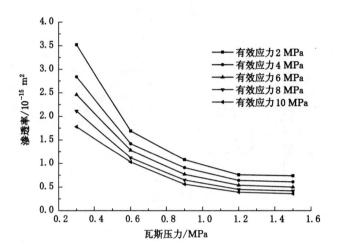

图 4-11 温度为 50 ℃时不同有效应力条件下煤体渗透率随瓦斯压力的变化

$$\left.\begin{array}{l} y = 3.103\ 17x^2 - 7.749\ 05x + 5.46\ (R^2 = 0.963\ 99) \\ y = 2.396\ 83x^2 - 6.060\ 95x + 4.36\ (R^2 = 0.970\ 25) \\ y = 2.031\ 75x^2 - 5.210\ 48x + 3.79\ (R^2 = 0.981\ 74) \\ y = 1.738\ 10x^2 - 4.478\ 57x + 3.26\ (R^2 = 0.987\ 40) \\ y = 1.380\ 96x^2 - 3.645\ 71x + 2.74\ (R^2 = 0.996\ 61) \end{array}\right\} \quad (4\text{-}21)$$

表 4-10　　　　　　　　　$T=70$ ℃时不同瓦斯压力下煤体渗透率数值

瓦斯压力/MPa	有效应力/MPa				
	2	4	6	8	10
0.3	2.35	1.88	1.57	1.32	1.02
0.6	1.18	0.98	0.75	0.62	0.48
0.9	0.69	0.58	0.38	0.31	0.27
1.2	0.47	0.39	0.31	0.25	0.21
1.5	0.44	0.35	0.28	0.23	0.19

　　对表 4-10 数据进行处理,拟合出上述条件下瓦斯压力与煤体渗透率之间的关系式:

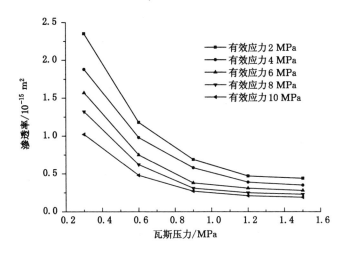

图 4-12 温度为 70 ℃时不同有效应力条件下煤体渗透率随瓦斯压力的变化

$$
\left.
\begin{aligned}
y &= 2.023\,81x^2 - 5.152\,86x + 3.66 \ (R^2 = 0.979\,89) \\
y &= 1.531\,75x^2 - 3.973\,81x + 2.89 \ (R^2 = 0.983\,86) \\
y &= 1.492\,06x^2 - 3.692\,38x + 2.50 \ (R^2 = 0.971\,25) \\
y &= 1.277\,78x^2 - 3.154\,20x + 2.12 \ (R^2 = 0.970\,93) \\
y &= 0.944\,44x^2 - 2.343\,31x + 1.61 \ (R^2 = 0.964\,82)
\end{aligned}
\right\}
\quad (4\text{-}22)
$$

由表 4-8～表 4-10 和图 4-10～图 4-12 可知,保持温度和有效应力不变,瓦斯压力在 0.3～0.9 MPa 时,瓦斯压力逐渐升高,煤体渗透率急剧下降;而当瓦斯压力升高到 0.9 MPa 以后,继续施加瓦斯压力,煤体渗透率不再急剧下降而是逐渐变得平稳。发生这种现象是因为:① 当瓦斯压力升高,必然伴随瓦斯流量增加,当大量瓦斯渗透进煤体内部时,煤体内部原有的裂隙和孔隙必然会开始吸附。当吸附了大量瓦斯后,在三个主应力的约束下,煤体不会向外扩容,而是向内部发展,发生内膨胀效应。由于内膨胀效应的产生,煤体内部原有的裂隙和孔隙被压缩、压实或被瓦斯分子占据,原先提供瓦斯渗流的通道被挤占,导致瓦斯更难从煤体渗透,因此渗透率降低。② 然而在三个主应力的约束下,煤体内部空间是有限的,当煤体吸附瓦斯到一定程度时,内部空间已被占据完全,不会再发生内膨胀效应,因此渗透率变化变得缓慢。③ 瓦斯压力在 0.3～0.9 MPa 时,随着瓦斯压力和瓦斯流量的增加,煤体内壁吸附的瓦斯越来越多,内壁越来越厚,克林伯格效应更加明显,即瓦斯在煤体中更容易滑落,导致了渗透率的降低。克林伯格效应也被称作滑脱效应,是指气体在储层中流动时不与裂隙壁或孔隙壁发生摩擦作用而直接从固体表面滑脱。瓦斯是一种流体,从流体力学的角度考虑,流体不可能从固体表面滑脱,这是因为无论是液体还是气体在固体表面流动时都存在黏滞力,黏滞力的存在使得在固体表面存在一个流动滞缓层,也被称作边界层。对于瓦斯压力增大渗透降低的现象亦可从边界层效应给出解释,对于大管道或者宽度很大的裂缝来说边界层效应并不明显,或者说边界层对其影响不大,但是对于煤体中的裂隙孔隙来说,边界层效应就有着不可忽略的影响,当瓦斯压力增高时,瓦斯密度增大,瓦斯密度越大边界层就越厚,边界层越厚导致煤体裂隙宽度越小,而瓦斯压力增大导致裂隙宽度的增大量要小于边界层厚度,在此时边界层效应占主导地位,裂隙宽度的大小直接影响着煤体的渗透率,导致随着瓦斯压力增大,煤体渗透率降低。

经拟合公式(4-20)～式(4-22)可以发现,当温度和有效应力保持恒定时,煤样渗透率和瓦斯压力的关系可以用二次方程来表示:

$$k = ap^2 + bp + \gamma \qquad (4\text{-}23)$$

式中　　k——渗透率;

　　　　p——瓦斯压力;

　　　　a、b、γ——拟合系数。

4.4.3　全应力—应变过程中含瓦斯煤体渗透特性变化规律

本次试验主要研究在不同瓦斯压力作用下煤体全应力—应变过程中渗透率的变化规律,保持温度不变,通过改变煤体的第二主应力进行加载,直到煤体产生变形破坏时结束。实验过程中所得到的煤体应力—应变数据通过实验设备的计算机采集控制系统自动获得。煤体全应力—应变与渗透率曲线如图 4-13 所示。

通过图 4-13 可以看出,煤体在应力作用下内部将发生变形破裂,煤体渗透率表现出“V”形的变化趋势,即先是逐渐减小然后突然增大,当应力达到煤体的峰值强度之后,煤体就会发生破坏,此时煤体的渗透率将会出现瞬间增大的现象。煤体全应力—应变曲线变化趋势基本一致,可将煤体应力—应变的变化特征分为五个不同阶段,分别为刚开始的初始压密阶段、线弹性阶段,然后进入屈服变形阶段,最后到达应力跌落阶段和应变软化及残余应力阶段。在应力增大的初期,由于试验选用的是原煤煤样,其自身孔隙和裂隙较多,瓦斯气体可以在煤体中自由流动,因此在初始阶段渗透率较大。在初始压密阶段,随着第二主应力的不断增大,煤体内部原有的孔隙裂隙被逐步压密压实,引起煤体渗透率降低。当煤体处于线弹性阶段时,其内部原有的裂纹缺陷均只发生弹性变形,几乎不会出现破坏损伤,这样将使煤体内部的初始微小孔隙和裂隙进一步被压紧压实,因此在这个阶段煤体渗透率是随着第二主应力的增加呈现逐渐减小的趋势。

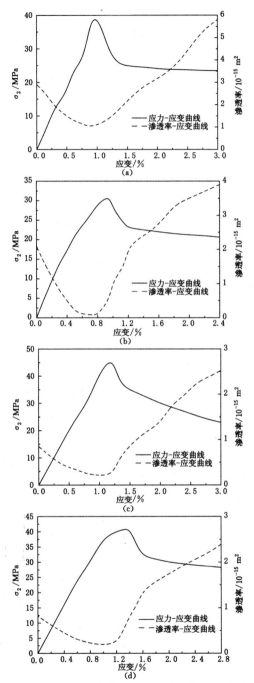

图 4-13 不同瓦斯压力下煤体全应力—应变与渗透率关系曲线

(a) 瓦斯压力为 0.3 MPa;(b) 瓦斯压力为 0.6 MPa;(c) 瓦斯压力为 0.9 MPa;(d) 瓦斯压力为 1.2 MPa

当煤体处于弹性阶段的末期,煤体渗透率减小到最小值。当煤体进入塑性变形阶段,内部将会增加新的裂纹,瓦斯气体的流动通道进一步扩展、连通,在这个阶段里瓦斯气体的渗透率以一定的速率逐步增大,当第二主应力达到峰值时,渗透率曲线呈现几乎垂直的走势迅速增加,此时煤体已经处于破坏形态,产生了剪切带,并沿剪切面发生滑移。当煤体进入应力跌落阶段后,其内部损伤也从开始的连续损伤慢慢变成了局部损伤,从而使应力瞬间减小。原来仅发生弹性变形的孔隙、裂纹随着应力的突然减小将会产生弹性卸载变形,非弹性应变也由开始的所用裂纹一起承担逐渐转换成集中到因局部损伤产生的少数新的裂纹来承担。而且当煤体出现破坏时,由于弹性势能的迅速释放也是导致煤与瓦斯突出事故发生的重要因素。因此,应力跌落是由连续损伤和均匀应变向损伤局部化和应变局部化过渡的宏观表现,其根本原因是裂纹的失稳和扩张。失稳扩展导致的较大裂纹也使得瓦斯气体能在煤体中轻松地流动,此时渗透率就出现了一个突然增大的趋势。当煤体处于应变软化及残余应力阶段时,煤样完全破坏,但是由于受到围压的约束使裂隙在破坏之后又出现了一定程度上的闭合,因此虽然煤体渗透率总体上是持续增大的,但渗透率变化幅度却渐渐变得稳定,最后趋于水平。

4.4.4 体积应力与渗透率的关系

煤体内部裂纹、孔隙的扩展或压缩等细观变化对渗透率都有着重要的影响,而体积应力表示煤体所承受的三个主应力之和,能够全面反映煤体内部结构的变化,因此研究体积应力对含瓦斯煤体渗透率影响具有重要的意义。图 4-13 给出了不同瓦斯压力下煤体渗透率与体积应力的关系曲线。由图 4-13 可知,体积应力对煤体渗透率有着重要的影响,在加载初期阶段,煤体渗透率随着体积应力的增大而减小,随着继续加载,煤体所受的体积应力越来越大,渗透率却呈突然增高的趋势,由前文可知,煤体全应力—应变曲线可以分为五个阶段,为了方便对比分析,更好地寻找其变化规律,本书把体积应力对煤体渗透率的影响也分为五个阶段。

当试件受外力作用下处在压密及线弹性阶段这个过程中,实验的煤块的渗透率会产生小小的波动,即先轻微下降然后出现直线下降的趋势。如图 4-14 所示,存在这种情况的原因可能是随着体积应力的不断增大致使试件中自然存在的裂隙及缺陷被外力所压实,使瓦斯很难从中运移,所以最初的渗流速率为降低趋势。当试件进入到线弹性阶段的末期,渗透率为最小值,试件中的裂隙及孔隙已不能被进一步压密。当试件到达了塑性变形阶段,煤体中原生裂隙及孔隙遭到了破坏并且产生了许多新的裂隙,致使渗透率数值徐徐上升;在塑性阶段的后期体积应力已到达了最大值,煤体渗透率到达了顶峰。而当试件处于应力跌落进程后,试件所承受的体积应力没有继续增大,而是突然向下跌落,渗透率却有明显的上升趋势,煤样渗透率与体积应力的跌落所得到的数据呈增长的幂指数函数关系。当煤块进入应变软化和残余应力阶段时,其体积应力下降得更为缓慢,是由于虽然试件处于破坏状态但是其仍然存在一定的残余强度,缓解了煤块试件的进一步破裂,使煤体的残余强度重新得到了凝聚,因此体积应力下降及渗透率的增长都十分地缓慢;当体积应力处于十分稳定的趋势时,煤体的渗透率也趋于稳定。

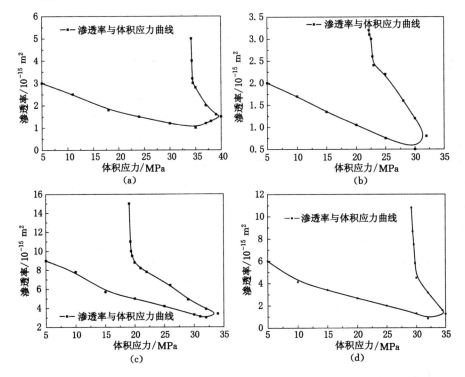

图 4-14　不同瓦斯压力下煤体体积应力与渗透率关系曲线

(a) 瓦斯压力为 0.3 MPa;(b) 瓦斯压力为 0.6 MPa

(c) 瓦斯压力为 0.9 MPa;(d) 瓦斯压力为 1.2 MPa

4.5　本章小结

利用热气固三轴伺服渗流特性实验装置研究了不同温度、不同瓦斯压力、不同有效应力条件下的煤体渗透规律以及全应力—应变过程中煤体渗透特性变

化,取得了如下研究成果:

（1）利用自制的热固气耦合三轴伺服实验装置,通过改变瓦斯压力与温度,研究了煤体在有效应力作用下渗透率的变化情况,得到了有效应力与煤体渗透率之间的关系表达式,拟合其关系表达式,揭示了有效应力与煤体渗透率的变化规律,研究结果表明:保持瓦斯压力与温度不变,煤体渗透率随有效应力增大逐渐减小。

（2）在渗流试验中调节瓦斯压力和温度至定值,有效应力对渗透率有着重要的影响,两者呈指数函数变化,渗透率随有效应力的增大而降低;保持瓦斯压力和有效应力不变,升高试验温度,渗透率呈负指数函数关系减小;保持有效应力和温度不变,渗透率和瓦斯压力呈二次函数变化关系,瓦斯压力逐渐升高时,煤体渗透率先急剧下降,当瓦斯压力施加到一定值以后,渗透率不再急剧下降而是慢慢变得平稳。

（3）研究不同瓦斯压力下全应力—应变过程中煤体渗透特性变化以及体积应力对渗透率的影响,试验结果表明:煤体应力—应变的变化特征以及体积应力对渗透率的影响可分为五个不同阶段,分别为刚开始的初始压密阶段、线弹性阶段,随着继续加载煤体进入屈服变形阶段,最后到达应力跌落阶段和应变软化及残余应力阶段。当煤体受外力作用下处在压密及线弹性阶段时,煤体渗透率随着体积应力的增大会产生小小的波动,即先轻微下降然后出现直线下降的趋势;当进入线弹性阶段末期,渗透率为最小值;当煤体到达塑性变形阶段时,随着体积应力的增大,煤体渗透率逐渐上升,在塑性阶段的后期体积应力已到达了最大值,煤体中渗透率到达了顶峰;当试件处于应力跌落阶段后,试件所承受的体积应力没有继续增大,而是突然向下跌落,渗透率却有明显的上升趋势;随着继续加载,试件进入到应变软化和残余应力阶段,煤体体积应力的下降趋势变缓慢,煤体渗透率的增加趋势也逐渐变缓。

本章参考文献

[1] 姜德义,张广洋,胡耀华,等.有效应力对煤层气渗透率影响的研究[J].重庆大学学报,1997,20(5):22-25.

[2] 唐巨鹏,潘一山,李成全,等.有效应力对煤层气解吸渗流影响试验研究[J].岩石力学与工程学报,2006,25(8):1564-1567.

[3] 贺玉龙,杨立中.温度和有效应力对砂岩渗透率的影响机理研究[J].岩石力学与工程学报,2005,24(14):2420-2426.

[4] 曾平,赵金洲,李治平等.温度、有效应力和含水饱和度对低渗透砂岩渗透率

影响的实验研究[J].天然气地球科学,2005,16(1):31-34.

[5] 代平,孙良田,李闵.低渗透砂岩储层孔隙度渗透率与有效应力关系研究 [J].天然气工业,2006,26(5):93-95.

[6] 康毅力,张浩,游利军,等.致密砂岩微观孔隙结构参数对有效应力变化的响 应[J].天然气工业,2007,27(3):46-48.

[7] 闫铁,李玮,毕雪亮.基于分形方法的多孔介质有效应力模型研究[J].岩土 力学,2010,31(8):2625-2629.

[8] 尹光志,李文璞,李铭辉.加卸载条件下原煤渗透率与有效应力的规律[J]. 煤炭学报,2014,39(8):1497-1503.

[9] 薛培,郑佩玉,徐文君.有效应力对不同阶煤渗透率影响的差异性分析[J]. 科技导报,2015,33(2):69-73.

[10] 谷达圣,鲜学福,周军平.有效应力和不同气体对煤的渗透性影响分析[J]. 地下空间与工程学报,2012,8(6):1296-1301.

[11] BOIT M A. General theory of three-dimensional consolidation[J]. Journal of Applied Physics,1941,12(2):155-164.

[12] GHABEZLOO SIAVASH, SULEM JEAN, GUEDON SYLVINE, et al. Effective stress law for the permeability of a limestone[J]. International Journal of Rock Mechanics & Mining Sciences,2009,46(2):297-306.

[13] 蒋长宝,尹光志,黄启翔,等.含瓦斯煤岩卸围压变形特征及瓦斯渗流试验 [J].煤炭学报,2011,36(5):802-807.

[14] 张东明,胡千庭,袁地镜.成型煤样瓦斯渗流的实验研究[J].煤炭学报, 2011,36(2):288-292.

[15] 李志强,鲜学福,隆晴明.不同温度应力条件下煤体渗透率实验研究[J].中 国矿业大学学报,2009,38(4):523-527.

[16] 李义贤,梁冰,孙维吉,等.单相气体在低渗透煤层运移规律[J].辽宁工程 技术大学学报:自然科学版,2009,28(4):168-170.

[17] 刘纪坤,王翠霞.含瓦斯煤解吸过程煤体温度场变化红外测量研究[J].中 国安全科学学报,2013,23(9):107-111.

[18] VIZSERALEK, T BALOGH, K TAKACS-NOVAK, et al. PAMPA study of the temperature effect on permeability[J]. EuropeanJournal of harma-ceutical Sciences,2014,53:45-49.

[19] MLION, F SKOCZYLAS, ZLAFHAJ, et al. Experimental study on a mor-tar. Temperature effects on porosity and permeability. Residual properties or direct measurements under temperature[J]. Cement and Concrete Re-

search,2005,35(10):1937-1942.

[20] 王刚,程卫民,郭恒.瓦斯压力变化过程中煤体渗透率特性的研究[J].采矿与安全工程学报,2012(5):735-739,745.

[21] 李佳伟,刘建锋,张泽天.瓦斯压力下煤岩力学和渗透特性探讨[J].中国矿业大学学报,2013(6):954-960.

[22] 曹树刚,郭平,李勇.瓦斯压力对原煤渗透特性的影响[J].煤炭学报,2010(4):595-599.

[23] 尹光志,李铭辉,李文璞.瓦斯压力对卸荷原煤力学及渗透特性的影响[J].煤炭学报,2012(9):1499-1504.

[24] 肖福坤,张峰瑞,刘刚,等.固-气耦合作用下瓦斯抽采钻孔破裂规律研究[J].煤矿开采,2016,21(4):123-126,137.

[25] XIAO FUKUN, LIU GANG. Test of Acoustic Emission Characteristic and COMSOL Simulation of Coal-body Failure in Methane Drainage Borehole under Complex Stress[J]. Electronic Journal of Geotechnical Engineering,2014,Vol.15[2011],Bund. K.

[26] 刘刚,肖福坤,于涵,等.固-热-气耦合作用下含瓦斯低透煤的渗流规律[J].黑龙江科技大学学报,2016(6):606-611.

5 煤体热固气耦合模型

近年来许多学者对瓦斯流动理论进行了深入的研究,煤储层中瓦斯气体处在多物理场(渗流场、应力场、温度场和电磁场等)的复杂耦合状态下,为了对瓦斯流动过程中各因素物理化学效应进行测试研究,需要建立多场耦合瓦斯流动方程并进行解算分析。

J. Litwiniszyn[1]和 S. Valliappan 等[2,3]从不同角度研究了煤与瓦斯的耦合作用及煤层瓦斯的运移规律。赵阳升[4-6]基于煤岩瓦斯耦合理论,提出了固体变形与瓦斯渗流耦合模型,而且介绍了数值分析方法及应用。梁冰等[7]提出了煤与瓦斯突出的流固耦合失稳理论;刘建军等[8-10]建立了煤层气热固流耦合渗流模型,认为煤层气渗流是一个非等温过程且流体流动与煤体变形之间存在相互的耦合作用。王宏图等[11]基于煤层瓦斯在地应力场、地温场和地电场中的渗流特性,确定了地球物理场中瓦斯渗透率与有效应力、温度和地电场的关系,推导出地球物理场作用下的瓦斯渗流方程。孙培德等[12,13]应用煤岩体变形与煤层气(瓦斯)越流相互作用的新认识,建立了双层系统煤气层越流与煤岩弹性变形的固气耦合数学模型,并将该耦合模型应用于邻近层煤层气涌出的可视化数值模拟中。肖晓春等[14]建立了考虑滑脱效应的深部煤层气渗流模型,并通过数值计算研究滑脱效应对煤层气渗流规律及产量预测影响。吴世越[15]、李祥春等[16]根据煤体吸附性质建立了煤层气耦合运动理论,其中考虑吸附膨胀应力作用分别对煤层孔隙和裂隙列出耦合连续性数学物理方程。

Zhang Hongbin 等[17]为了量化渗透率与煤基质变形的变化,建立了新的流固耦合与基质收缩有限元(FE)模型,并通过 COMSOL 数值模拟,得出孔隙率和渗透率的演化规律受有效应力效应和基质变形效应中的主导因素的控制。陶云奇[18]以含瓦斯煤为研究对象建立了体现含瓦斯煤 THM 双向完全耦合数学模型,揭示了含瓦斯煤系统内渗流、变形和变温之间的关系。胡国忠等[19]根据低渗透煤体的瓦斯渗流特性,引入煤体孔隙率和渗透率动态变化模型,建立了低渗透煤与瓦斯的固气动态耦合模型并进行数值计算;秦玉金等[20]考虑温度变化对瓦斯吸附解吸引起煤体体积变化的影响,建立了渗流场、应力场和温度场多物理场耦合的瓦斯运移模型,对煤体瓦斯运移规律进行了模拟研究,很好地揭示了瓦斯的赋存特征。

关于煤体热固气耦合方面的研究,众多学者已经做了大量的工作。但他们的研究并没有把渗流场、温度场、应力场完全耦合起来,且大多都没有考虑温度效应对煤体的影响,而如今煤矿开采深度越来越深,矿井温度也随之增高,温度热效应已经成了不可忽视的问题。根据众多学者研究的基础,本书综合考虑瓦斯压力、温度、有效应力对煤体综合作用的影响,分析它们之间相互作用的机理,通过孔隙率、渗透率、应变、动力黏度系数等多个因素实现渗流场、应力场、温度场真正的耦合,即在渗流场中考虑应力场、温度场对煤体的影响;在温度场中考虑渗流场、应力场对煤体的影响;在应力场中考虑渗流场、温度场对煤体的影响,期望建立一个真正的煤体热固气耦合模型,通过研究分析得到煤体在近乎实际的条件下渗流特性规律。图 5-1 为煤体热固气耦合示意图。

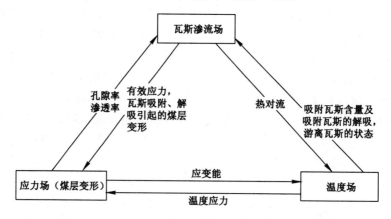

图 5-1　煤体热固气耦合示意图

5.1　煤体热固气耦合模型基本假设

煤体是典型的多孔介质材料,热固气耦合作用下瓦斯在煤体中流动极其复杂,因此,在建立煤体热固气耦合模型的过程中要抓住主要影响因素,舍去次要影响因素,并找出各主要影响因素间的相互关系。如果考虑的次要因素太多,则建立的热固气耦合模型将极其复杂,将不利于进行数值计算。为此,需要首先做如下假设:① 煤体的变形为小变形;② 瓦斯在煤体中流动处于理想气体状态,遵循理想气体状态公式;③ 煤体被单相的瓦斯饱和,瓦斯在瞬间完成解吸且瓦斯吸附遵循朗缪尔方程;④ 热效应引起的煤体骨架变形和有效应力改变瞬间完成;⑤ 煤层瓦斯含量由游离瓦斯和吸附瓦斯组成;⑥ 煤体为均匀各向同性,瓦斯在煤层中的流动为层流渗透,且服从达西定律;

$$q_g = -\left(\frac{k_x}{\mu_g}\frac{\partial P}{\partial x}i + \frac{k_y}{\mu_g}\frac{\partial P}{\partial y}j + \frac{k_z}{\mu_g}\frac{\partial P}{\partial z}m\right) \tag{5-1}$$

式中 k_x、k_y、k_z——煤层沿 x、y、z 方向的渗透率，m^2；

μ_g——瓦斯动力黏度，$Pa \cdot s$。

q_g——流度，m/s；

5.2 煤体孔隙率、渗透率数学模型

5.2.1 煤体孔隙率数学模型

煤体是一种典型的多孔介质材料，孔隙率是其重要的物理性参数之一，对瓦斯在煤体中的渗透有着重要的影响。在瓦斯压力、有效应力、温度的作用下，随着煤矿的开采煤体会发生变形，煤体内部大量的节理、裂隙被压缩或发生破坏，导致内部结构产生大量的变化，引起孔隙率的变化。因此瓦斯压力、有效应力、温度对煤体孔隙率有着重要的影响。假设煤体被单相的瓦斯饱和，根据多孔介质孔隙率的定义有：

$$\varphi = \frac{V_P}{V_B} = \frac{V_{P0} + \Delta V_P}{V_{B0} + \Delta V_B} = 1 - \frac{V_{S0} + \Delta V_S}{V_{B0} + \Delta V_B}$$

$$= 1 - \frac{V_{S0}(1 + \Delta V_S/V_{S0})}{V_{B0}(1 + \Delta V_B/V_{B0})} = 1 - \frac{(1 - \varphi_0)}{1 + e}(1 + \frac{\Delta V_S}{V_{S0}}) \tag{5-2}$$

式中 V_S——煤体骨架体积；

ΔV_S——煤体骨架体积变化；

V_P——孔隙体积；

ΔV_P——煤体孔隙体积变化；

V_B——煤体总体积；

ΔV_B——煤体总体积变化；

e——煤体体积应变；

φ_0——煤体初始孔隙率。

考虑瓦斯压力、地应力、温度对煤体变形的影响，煤体的体积应变增量 $\frac{\Delta V_S}{V_S}$ 主要由热膨胀应变增量 $\frac{\Delta V_{ST}}{V_S}$，瓦斯压力应变增量 $\frac{\Delta V_{SP}}{V_S}$ 和吸附瓦斯膨胀应变增量三部分 $\frac{\Delta V_{SF}}{V_S}$ 组成。即

$$\frac{\Delta V_S}{V_S} = \frac{\Delta V_{ST}}{V_S} + \frac{\Delta V_{SP}}{V_S} + \frac{\Delta V_{SF}}{V_S}$$

$$= \beta\Delta T - K_{\mathrm{Y}}\Delta p + \frac{\varepsilon_{\mathrm{p}}}{1-\varphi_0} \tag{5-3}$$

式中，单位体积煤体吸附瓦斯的膨胀应变增量：

$$\varepsilon_{\mathrm{p}} = \frac{2\rho R T \alpha K_{\mathrm{Y}}}{3V_{\mathrm{m}}}\ln(1+bp) \tag{5-4}$$

将式(5-3)、式(5-4)代入式(5-1)，得到煤体的孔隙率理论模型：

$$\varphi = 1 - \frac{(1-\varphi_0)}{1+e}\left\{1 + \beta\Delta T - K_{\mathrm{Y}}\Delta p + \frac{\varepsilon_{\mathrm{p}}}{1-\varphi_0}\right\}$$

$$= \frac{\varphi_0 + e - \varepsilon_{\mathrm{p}} + K_{\mathrm{Y}}\Delta p(1-\varphi_0) - \beta\Delta T(1-\varphi_0)}{1+e} \tag{5-5}$$

5.2.2 煤体渗透率数学模型

瓦斯在煤体中的渗透和流动，渗透率起着至关重要的作用。煤体在进出口端存在一定的瓦斯压力差，在瓦斯压力差的推动下，瓦斯会在煤体中通过，这就是煤体渗透率，它是反映煤体渗透性能的重要物理参数指标。渗透率与孔隙率密切相关，当孔隙率发生改变，也会引起渗透率的变化。通过研究煤体孔隙率的数学模型可知，瓦斯压力、有效应力、温度对孔隙率有着重要的影响，因此煤体渗透率也将随着瓦斯压力、有效应力、温度的改变而变化。Kozeny-Carman 根据毛细管模型，建立了渗透率与孔隙率之间的数学关系，因此根据 Kozeny-Carman 以煤体孔隙率数学方程为基础，建立了煤体渗透率方程：

$$k = \frac{\varphi}{k_z S_{\mathrm{P}}^2} \tag{5-6}$$

其中：

$$S_{\mathrm{P}} = A_{\mathrm{S}}/V_{\mathrm{P}} \tag{5-7}$$

则新渗透率与原始渗透率的比值为：

$$\frac{k}{k_0} = \frac{\dfrac{\varphi}{k_z S_{\mathrm{P}}^2}}{\dfrac{\varphi_0}{k_z S_{\mathrm{P}0}^2}} = \frac{\varphi S_{\mathrm{P}0}^2}{\varphi_0 S_{\mathrm{P}}^2} \tag{5-8}$$

在煤体的应力应变过程中，可认为单位体积煤体颗粒表面积保持不变，结合孔隙率动态方程，则有：

$$\frac{k}{k_0} = \frac{1}{1+e}\left[1 + \frac{e}{\varphi_0} - \frac{(\beta\Delta T - K_{\mathrm{Y}}\Delta p)(1-\varphi_0)}{\varphi_0} - \frac{\varepsilon_{\mathrm{p}}}{\varphi_0}\right]^3 \tag{5-9}$$

则煤体渗透率数学模型：

$$k = \frac{k_0}{1+e}\left[1 + \frac{e}{\varphi_0} - \frac{(\beta\Delta T - K_{\mathrm{Y}}\Delta p)(1-\varphi_0)}{\varphi_0} - \frac{\varepsilon_{\mathrm{p}}}{\varphi_0}\right]^3 \tag{5-10}$$

5.3 煤体耦合应力场方程

根据煤体有效应力原理,平衡方程可表示为:

$$\sigma'_{ij,j} + (\alpha p \delta_{ij})_{,j} + F_j = 0 \tag{5-11}$$

在含瓦斯煤体空间问题中,设 $u(x,y,z)$、$v(x,y,z)$,$w(x,y,z)$ 分别为 $x,y,$ z 方向的位移分量,它们是坐标的连续单值函数,则应变分量与位移分量应满足几何方程,即所谓的柯西方程,用张量符号表示为:

$$\varepsilon_{ij} = \frac{1}{2}(u_{i,j} + u_{j,i}) \quad (i,j = 1,2,3) \tag{5-12}$$

5.3.1 热流固本构方程

随着煤矿的开采,煤体的应力与应变都发生了改变,为了找寻它们之间的关系,研究其变化规律,根据煤体在开采时受到了瓦斯压力、有效应力、温度的影响,将使煤体骨架发生变形,变形主要包括热弹性膨胀变形、煤体颗粒吸附瓦斯变形和有效应力的压缩变形,建立了煤体热气固本构方程。

(1) 热弹性膨胀应变

根据煤体均匀各向同性的假定,当煤体温度升高时,煤体吸附热量会发生热弹性膨胀变形,煤体骨架会发生变化,即热弹性热膨胀应变为:

$$\varepsilon_T = \frac{\beta}{3}\Delta T = \frac{\beta}{3}(T - T_0) \tag{5-13}$$

(2) 瓦斯引起的应变

煤体内部含有大量的孔隙和裂隙,当增大瓦斯压力时,煤体内部的孔隙和裂隙必然会开始吸附,煤体内部骨架颗粒产生吸附变形,根据煤体均匀各向同性的假定,煤体会发生线性应变,不会产生切向应变,则增大瓦斯压力引起的线性应变量为:

$$\varepsilon_{PY} = -\frac{K_Y}{3}\Delta p = -\frac{K_Y}{3}(p - p_0) \tag{5-14}$$

因煤体颗粒吸附瓦斯引起的线吸附膨胀应变量为:

$$\varepsilon_{PX} = \frac{2\rho R T \alpha K_Y}{9 V_m}\ln(1 + bp) \tag{5-15}$$

(3) 有效应力引起的应变

根据虎克定律,有效应力引起的应变为:

$$\varepsilon_w = \frac{1}{2G}\left(\sigma' - \frac{\upsilon}{1+\upsilon}\Theta'\right) \tag{5-16}$$

（4）热流固耦合的本构方程

根据以上分析可得到煤体热流固耦合的本构方程为：

$$\sigma'_{ij} = \lambda e \delta_{ij} + 2G \varepsilon_{ij} - \theta_{\mathrm{T}} \Delta T \delta_{ij} - \theta_{\mathrm{PY}} \Delta p \delta_{ij} - \theta_{\mathrm{PY}} \alpha T \ln(1 + bp) \delta_{ij} \quad (5\text{-}17)$$

5.3.2　应力场方程

联立上述方程，则可得到煤体耦合应力场方程：

$$Gu_{i,jj} + \frac{G}{1-2\upsilon} u_{j,ji} - \theta_{\mathrm{T}}(\Delta T)_i - \theta_{\mathrm{PY}}(\Delta p)_i - \theta_{\mathrm{PX}} \alpha T [\ln(1+bp)]_i + \alpha p_i + F_i = 0$$

$$(5\text{-}18)$$

从煤体耦合应力场方程得知，在建立煤体应力场方程中考虑了渗流场、温度场的影响，通过应力场方程把应力场、渗流场、温度场三场完全耦合起来，更加符合现场实际的变化。

5.4　煤体耦合渗流场方程

5.4.1　连续性方程

瓦斯在煤体内流动的连续性方程为：

$$\frac{\partial Q}{\partial t} + \nabla \cdot (\rho_{\mathrm{g}} q) = I \quad (5\text{-}19)$$

5.4.2　煤体渗流场方程

煤体中的瓦斯在瓦斯压力梯度的作用下基本符合达西流，瓦斯渗流速度和瓦斯压力的关系可表示为：

$$v = -\frac{k}{\mu} \nabla p \quad (5\text{-}20)$$

式中　k——渗透率；

　　　∇p——瓦斯压力梯度；

　　　μ——气体动力黏度。

煤体中吸附状态和游离状态的瓦斯分别服从修正的 Langmuir 吸附平衡方程和真实气体状态方程：

$$Q = \left(\frac{abpc}{1+bp} + \varphi \frac{p}{p_{\mathrm{n}}} \right) \cdot p_{\mathrm{n}} \quad (5\text{-}21)$$

瓦斯流动状态方程可表示为：

$$\rho_{\mathrm{g}} = \frac{\rho_{\mathrm{n}} p}{p_{\mathrm{n}} Z} \tag{5-22}$$

将式(5-20)、式(5-21)、式(5-22)代入式(5-19)可得：

$$\left[2\varphi + \frac{2abc\, p_{\mathrm{n}}}{(1+bp)^2} + \frac{abc\, p_{\mathrm{n}}}{1+bp} \right] \frac{\partial p}{\partial t} + 2p\,\frac{\partial \varphi}{\partial t} - \nabla \cdot \left(\frac{k}{\mu}\, \nabla p^2 \right) = I \tag{5-23}$$

式中的孔隙变化 $\dfrac{\partial \varphi}{\partial t}$ 可用下式表示：

$$\frac{\partial \varphi}{\partial t} = \left(1 - \frac{k'}{k_{\mathrm{s}}} \right) \frac{\partial e}{\partial t} + \frac{1-\varphi}{k_{\mathrm{s}}}\,\frac{\partial p}{\partial t} \tag{5-24}$$

式中，k' 和 k_{s} 分别为含瓦斯煤体整体体积模量和煤体骨架体积模量：

$$k' = \frac{2G(1+\upsilon)}{3(1-2\upsilon)} \tag{5-25}$$

$$\alpha = 1 - \frac{k'}{k} \tag{5-26}$$

联立上述方程，则可得到煤体渗流场方程：

$$2\alpha p\,\frac{\partial e}{\partial t} + \left[2\varphi + \frac{2(1-\varphi)}{k_{\mathrm{s}}} p + \frac{2abc\, p_{\mathrm{n}}}{(1+bp)^2} + \frac{2abc\, p_{\mathrm{n}}}{1+bp} \right] \frac{\partial p}{\partial t} - \nabla \cdot \left(\frac{k}{\mu}\, \nabla p^2 \right) = I$$

$$\tag{5-27}$$

从煤体渗流场方程得知，方程中包含渗透率 k 和孔隙率 φ，而从孔隙率和渗透率数学模型得知，孔隙率和渗透率受到瓦斯压力、有效应力、温度综合作用的影响，即孔隙率和渗透率体现了三场共同耦合作用的影响，因此煤体渗流场方程通过渗透率 k 和孔隙率 φ 为桥梁，在煤体渗流场方程中考虑了应力场、温度场的影响，通过渗流场方程把应力场、渗流场、温度场三场完全耦合起来，更加符合现场实际的变化。

5.5　煤体耦合温度场方程

随着开采深度的增加，温度对煤体的性质与瓦斯的流动产生着重要的影响。煤体的弹性模量、泊松比等物理参数都随着温度的变化而改变，从而引起了煤体强度、刚度的变化，导致内部孔隙率产生了极大变化，从而改变了煤体的渗透能力和渗流规律。同时，瓦斯在煤体中的吸附和流动也受到温度的影响，如瓦斯动力黏度系数、密度等参数随温度的变化而改变。因此，在建立煤体瓦斯渗流数学模型时应该考虑温度场的影响。

5.5.1　能量守恒方程

由热力学第一定律可知，在 δt 时间内，外界对含瓦斯煤施加的变形功及热

量等于其动能与内能增量之和,表示为:

$$dK + dU = \delta W + \delta Q_d \qquad (5-28)$$

热力学第二定律引入物体状态的单值函数"熵",物体在某一状态时熵的值与物体达到这个给定状态所经过的途径无关。单位体积的熵称为比熵,以 s 表示,其定义为:

$$ds = \frac{\delta Q_d}{T} \qquad (5-29)$$

综合式(4-28)、式(4-29)可得:

$$ds = \frac{dU - \sigma_{ij}\, d\varepsilon_{ij}}{T} \qquad (5-30)$$

5.5.2　体积内能函数

赫姆霍尔兹(Helmholz)自由能是热弹性物体的一个热力学状态函数,通过理论推导可得煤体单位体积内能函数为:

$$dU = \rho C_v dT + \sigma_{ij}\, d\varepsilon_{ij} + \theta_T T de +$$

$$\theta_{PX} T \left[T\ln(1 + bp)\frac{\partial a}{\partial T} + \frac{\alpha T p}{1 + bp}\frac{\partial b}{\partial T} + \alpha\ln(1 + bp) \right] de \qquad (5-31)$$

5.5.3　煤体温度场方程

将式(5-31)、式(5-30)代入式(5-29)得到煤体热流量方程:

$$dQ_H \cdot dt = \rho C_v \frac{\partial T}{\partial t}dt + T_0\theta_T\frac{\partial e}{\partial t}dt +$$

$$\theta_{PX} T_0 \left[T_0\ln(1 + bp)\frac{\partial a}{\partial T} + T_0\frac{\alpha p}{1 + bp}\frac{\partial b}{\partial T} + \alpha\ln(1 + bp) \right]\frac{\partial e}{\partial t}dt \qquad (5-32)$$

式中　$d\theta_H$——热流量。

煤体解吸瓦斯的微分热能为 qQ,即:

$$dQ_H = \eta\,\nabla^2 T + qQ \qquad (5-33)$$

将式(5-33)代入式(5-32)得到煤体耦合温度场方程:

$$\eta\,\nabla^2 T + qQ = \rho C_v \frac{\partial T}{\partial t} + T_0\theta_T\frac{\partial e}{\partial t} +$$

$$\theta_{PX} T_0 \left[T_0\ln(1 + bp)\frac{\partial a}{\partial T} + T_0\frac{\alpha p}{1 + bp}\frac{\partial b}{\partial T} + \alpha\ln(1 + bp) \right]\frac{\partial e}{\partial t} \qquad (5-34)$$

从煤体耦合温度场方程得知,式中包含瓦斯压力 p 和体积应变 e,瓦斯压力显示煤体渗流场的变化,体积应变是瓦斯压力、有效应力、温度共同作用的结果,在建立煤体温度场方程时以瓦斯压力 p 和体积应变 e 为桥梁,考虑了应力场、渗流场对煤体的影响,因此所建立的煤体温度场方程同时体现了温度场与瓦斯压力场、应力场耦合作用的影响。而在煤矿实际开采中,温度对煤体和瓦斯的作用十分复杂,为了简化模型,方便数值计算,认为热应力对煤体骨架产生的改变和瓦斯吸附解析的热量都是瞬间的。

5.6　煤体的边界条件和初始条件

综合以上构成的煤体热气固耦合数学模型,对于具体问题应具体分析。对于数学模型,应给出模型的定解条件,即边界条件和初始条件,上述煤体热气固耦合模型包括应力场、渗流场、温度场边界条件和初始条件。

5.6.1　煤体应力场边界条件和初始条件

(1) 边界条件

第一类边界条件——应力边界条件:

$$\begin{cases} l\sigma_x + m\tau_{xy} + n\tau_{xz} + f_x = 0 \\ l\tau_{xy} + m\sigma_y + n\tau_{yz} + f_y = 0 \\ l\tau_{xz} + m\tau_{yz} + n\sigma_z + f_z = 0 \end{cases} \tag{5-35}$$

第二类边界条件——位移边界条件:

$$u_i = u \tag{5-36}$$

第三类边界条件——混合边界条件,即部分边界上的应力给出,其余部分边界上的位移已知。

(2) 初始条件

当 $t=t_0$ 时,给出已知的位移和速度,即:

$$u_i = f(x,y,z0) \tag{5-37}$$

$$\frac{\partial u_i}{\partial t} = \Psi_i(x,y,z,0) \tag{5-38}$$

6.6.2　煤体渗流场边界条件和初始条件

(1) 边界条件

第一类边界条件,给定边界上的瓦斯压力,也可称为狄利克雷(DiriChlet)边界:

$$P(x,y,z,t)\big|_x = H(x,y,z,t)_{(x,y,z)\in x} \tag{5-39}$$

式中 $H(x,y,z,t)$——已知边界上的气体压力,MPa。

第二类边界条件,给定边界上的瓦斯流量,也可称为纽曼边界(Neumann):

$$\left.\frac{\partial P}{\partial n}\right|_{x} = q(x,y,z,t)_{(x,y,z)\in x} \tag{5-40}$$

式中 n——已知边界 x 上的外法线方向;

$q(x,y,z,t)$——单位面积上的瓦斯流量。

第三类边界条件,给定了瓦斯压力和瓦斯压力的导数之间的关系,此类边界条件亦可称为傅立叶(Fourier)边界:

$$\left.\left[\frac{\partial P}{\partial n} + \lambda P\right]\right|_{x} = f_{fl}(x,y,z,t)_{(x,y,z)\in x} \tag{5-41}$$

式中 λ——系数;

$f_{fl}(x,y,z,t)$——边界上的已知函数。

(2) 初始条件

当 $t=t_0$ 时,瓦斯压力为空间的函数或者瓦斯压力恒定,即:

$$P = P(x,y,z) \text{ 或 } P = P_0 \tag{5-42}$$

5.6.3 煤体温度场边界条件和初始条件

(1) 温度场的边界条件

第一类边界条件,煤体边界上各点温度 $(T)_\Gamma$ 随位置与时间的函数关系是已知的,在最简单的情况 $(T)_\Gamma$ 下等于定值 T_W,即:

$$\begin{cases} (T)_\Gamma = f(x,y,z,t) \\ (T)_\Gamma = T_W \end{cases} \tag{5-43}$$

式中 T_W——边界温度的已知常数值;

$f(x,y,z,t)$——已知的边界温度随位置及时间的函数关系。

第二类边界条件,煤体边界上各点沿外法向的热流密度 $(q_n)_\Gamma$ 随位置与时间的函数关系是已知的,在稳定导热的情况下,$(q_n)_\Gamma$ 等于定值 q_w,即:

$$\begin{cases} (q_n)_\Gamma = -\eta\left(\dfrac{\partial T}{\partial n}\right)_\Gamma = f(x,y,z,t) \\ (q_n)_\Gamma = -\eta\left(\dfrac{\partial T}{\partial n}\right)_\Gamma = q_w \end{cases} \tag{5-44}$$

第三类边界条件,瓦斯在煤体中流动,产生换热现象时,瓦斯的温度和煤体表面的传热系数是已知的,由能量守恒原理可知,煤体向表面传递的热量等于瓦斯和煤体表面的换热量:

$$-\eta\left(\frac{\partial T}{\partial n}\right)_\Gamma = h(T - T_f) \tag{5-45}$$

（2）温度场初始条件

对于非稳定温度场问题，初始条件即为 $t=0$ 时刻的 T 值，它可以是某个常值，也可以是空间的函数，即：

$$\begin{cases} (T)_{t=0} = T_0 \\ (T)_{t=0} = f(x,y,z) \end{cases} \tag{5-46}$$

式中　T_0——某已知常数，表示开始时煤体的温度是均匀分布的；

　　　$f(x,y,z)$——某已知函数，表示煤体的初温随坐标而有不同的数值。

5.7　模型的求解方法

关于耦合方程的一般求解方法有两种：一种是有限元法，另一种是有限差分法。

5.7.1　有限差分法

有限差分对于一些形状规则和材料均匀的情况能进行很好的处理，但对于材料非均匀且形状不规则的情况，有限差分在处理上就显得比较困难。有限差分的优点在于将耦合的微分方程和数学离散很好地结合起来，为耦合方程的求解提供了一种有效的求解途径。许多数值模拟软件都采用有限差分的方法进行数值求解，如 FLAC。

5.7.2　有限元法

变分法是有限元的核心理论之一，有限元不仅适用于简单形状也适用于复杂形状单元的问题，有限元对于复杂材料问题也能做出很好的处理。运用有限元进行求解时，首先将求解问题转化为泛函的极值问题，然后通过离散化得到求解问题的计算格式。有限元的求解精度虽然比有限差分低，但有限元在运用时比有限差分更为简单灵活，所以有限元在工程中得到了极为广泛的应用。耦合问题可分为全耦合、显示耦合、迭代耦合和解耦耦合四种。

全耦合的矩阵表示如下：

$$\begin{bmatrix} \boldsymbol{K} & \boldsymbol{L} \\ \boldsymbol{L}^{\mathrm{T}} & \boldsymbol{E} \end{bmatrix} \begin{bmatrix} \boldsymbol{\Delta}_t \boldsymbol{\delta} \\ \boldsymbol{\Delta}_t \boldsymbol{P} \end{bmatrix} = \begin{bmatrix} \boldsymbol{F} \\ \boldsymbol{R} \end{bmatrix} \tag{5-47}$$

式中　$\boldsymbol{K}$——刚度矩阵；

　　　$\boldsymbol{\delta}$——位移；

　　　$\boldsymbol{L}$——气体未知量的矩阵；

　　　$\boldsymbol{E}$——流动矩阵；

F——边界条件；

R——方程的右边项；

Δ_t——对时间进行差分。

$$\Delta_t\delta = \delta^{n+1} - \delta^n \tag{5-48}$$

$$\Delta_t P = P^{n+1} - P^n \tag{5-49}$$

显式耦合是用上一个时间步的结果计算本时间步的流动,然后用本时间步的流动结果计算应力和应变,用矩阵可表示为:

$$[T-D]\Delta_t P^{n+1} = Q - TP^n - L^T\Delta_t\delta^n \tag{5-50}$$

$$K\Delta_t\delta^n = F - L\Delta_t P^{n+1} \tag{5-51}$$

迭代耦合是在同一个时步内同时计算应力和流动,当计算结果满足要求的精度时,再进行下一个时步的计算,用矩阵可表示为:

$$[T-D]\Delta_t P^{n+1} = Q - TP^n - L^T\Delta_t\delta^{(n)} \tag{5-52}$$

$$K\Delta_t\delta^n = F - L\Delta_t P^{n+1} \tag{5-53}$$

解耦耦合是用应力求应变,再用流动方程求解压力,用矩阵可表示为:

$$[T-D]\Delta_t P = Q - TP^n \tag{5-54}$$

$$K\Delta_t\delta = F - L\Delta_t P \tag{5-55}$$

5.8 本章小结

根据瓦斯在煤体中的实际流动情况,以弹塑性力学、流体力学、热力学等理论为基础,建立了煤体孔隙率和渗透率数学模型;综合考虑瓦斯压力、主应力、温度对瓦斯与煤体的影响,建立了煤体应力场、渗流场、温度场数学方程,并通过各个变量把它们联系起来,根据实际情况分别给出了煤体应力场、渗流场、温度场的边界条件和初始条件,建立煤体热固气耦合数学模型。

本章参考文献

[1] LITWINISZYN J. A model for the initiation of coal-gas outbursts[J]. Int. J. Rock Mech. Min. Sci. Geomech. Abstr. ,1985,22(1):39-46.

[2] ZHAO CHONGBIN ,VALLIAPPAN S. Finite element modeling of methane gas migration in coalseams[J]. Computers and Structures, 1995, 55 (40):625-629.

[3] VALLIAPPAN S,ZHANG W H. Numerical modeling of methane gasmigration in dry coal seams[J]. International Journal for Numerical and Ana-

lytical Methods in Geomechanics,1996,20(8):571-593.

[4] ZHAO Y S,QING H Z,BAI Q Z. Mathematical model for solid-gas coupled problems on the methane flowing in coal scam[J]. Acta Mechanica Solida Sinica,1993,6(4):459-466.

[5] 赵阳升.煤体瓦斯耦合理论及其应用[D].上海:同济大学,1992.

[6] 赵阳升.煤体-瓦斯耦合数学模型及数值解法[J].岩石力学与工程学报,1994,13(3):229-239.

[7] 梁冰,章梦涛,王泳嘉.煤层瓦斯渗流与煤体变形的耦合数学模型及数值解法[J].岩石力学与工程学报,1996,15(2):135-142.

[8] 刘建军.煤层气热-流-固耦合渗流的数学模型[J].武汉工业学院学报,2002(2):91-94.

[9] 刘建军,薛强.岩土热-流-固耦合理论及在采矿工程中的应用[J].武汉工业学院学报,2004,23(3):55-60.

[10] 刘建军,冯夏庭.我国油藏渗流-温度-应力耦合的研究进展[J].岩土力学,2003,24(增刊):645-650.

[11] 王宏图,杜云贵,鲜学福,等.地球物理场中的煤层瓦斯渗流方程[J].岩石力学与工程学报,2002,21(5):644-646.

[12] 孙培德,鲜学福.煤层气越流的固气耦合理论及其应用[J].煤炭学报,1999,24(1):60-64.

[13] 孙培德,万华根.煤层气越流固-气耦合模型及可视化模拟研究[J].岩石力学与工程学报学报,2004,23(7):1179-1185.

[14] 肖晓春,潘一山.考虑滑脱效应的煤层气渗流数学模型及数值模拟[J].岩石力学与工程学报,2005(16):2966-2970.

[15] 吴世跃.煤层气与煤层耦合运动理论及其应用的研究[D].沈阳:东北大学,2006.

[16] 李祥春,郭永义,吴世跃,等.考虑吸附膨胀应力影响的煤层瓦斯流-固耦合渗流数学模型及数值模拟[J].岩石力学与工程学报,2007,26(S1):2743-2748.

[17] ZHANG HONGBIN, LIU JISHAN, ELSWORTH D. How sorption-induced matrix deformation affects gas flow in coal seams:A new FE model [J]. International Journal of Rock Mechanics &MiningSciences, 2008(45):1226-1236.

[18] 陶云奇.含瓦斯煤 THM 耦合模型及煤与瓦斯突出模拟研究[D].重庆:重庆大学,2009.

［19］胡国忠,许家林,王宏图,等.低渗透煤与瓦斯的固-气动态耦合模型及数值模拟[J].中国矿业大学学报,2011,40(1):1-6.

［20］秦玉金,罗海珠,姜文忠,等.非等温吸附变形条件下瓦斯运移多场耦合模型研究[J].煤炭学报,2011(3):412-416.

6 热固气耦合条件下煤体渗流特性数值分析

在煤层内瓦斯流动的流固耦合研究中,赵阳升[1,2]根据煤层瓦斯流动与变形特征,基于煤体—瓦斯固气耦合模型,建立了块体介质变形与气体渗流的非线性耦合数值物理模型。曹树刚等[3]基于广义弹黏塑性模型,建立了含瓦斯煤固气耦合黏弹塑性本构方程。梁冰等[4]等以塑性力学为基础,在考虑瓦斯吸附对煤体本构关系影响的基础上建立了煤层瓦斯耦合模型,分析了采动引起的煤体变形对煤层瓦斯在采空区的流动规律的影响。汪有刚等[5]将渗流力学与弹塑性力学相结合,考虑煤层瓦斯和煤体骨架之间的相互作用,建立了煤层瓦斯运移的数学模型,并根据有限元法原理推出了耦合模型求解方法。孙培德[6]认为煤层瓦斯具有越流现象,并建立了多煤层瓦斯渗流相互影响的越流气固耦合理论。杨天鸿等[7]根据煤体变形过程中应力、损伤与透气性演化的耦合作用,建立了含瓦斯煤岩破裂过程的固气耦合作用模型。徐涛等[8]基于统计损伤力学,在岩石破裂过程分析软件 RFPA 的基础上对煤岩破裂过程中的流固耦合模型进行了数值模拟。

此外,针对煤体的双重孔隙(基质孔隙和细观裂隙)结构特征,国内外学者广泛采用双重孔隙模型来表征煤岩体的特性。该模型把裂隙看作高渗透性,煤基质孔隙赋予低渗透率,气体同时在裂隙网络和基质孔隙内流动。罗新荣[9]建立了双重孔隙、可压密煤层瓦斯运移方程和数值模拟方程,通过计算机数值模拟,并运用相似理论,得到了煤层瓦斯压力分布曲线和煤壁瓦斯涌出衰减曲线。

E. S. Choi 等[10]提出了煤层瓦斯流动的双重孔隙率和渗透率模型。S. Reeves 和 L. Pekot[11]提出了一种三重孔隙率和双重渗流率的组合模型,描述解吸气体从煤基质进入到裂隙。O. Cicek[12]也建立了双重孔隙率和双重渗透率的非等温模型用来模拟 CO_2 在煤层裂隙中的储存。Thararoop 建立了考虑煤体吸附膨胀和解吸收缩特性的双重孔隙率和双重渗透率的数值模型。K. Pruess 和 T. N. Narasimhan[13,14]提出了多重孔隙率模型(MINC),该模型认为流体压力、温度、相组分等在裂隙系统内受源汇项的影响变化迅速,而在单元基质内变化较小。MINC 模型被广泛应用于蒸汽地热开发、裂隙岩体水流[15,16]、天然裂隙石油储层开发[17]、裂隙岩体化学物质转移[18]等多个领域。

由研究分析可知,煤体热固气耦合数学模型是一个极为复杂的非线性方程组,求解起来非常复杂,因此需要借助数值解法进行求解。而耦合模型的求解方法一般分为两种:一种是有限元法,另一种是有限差分法。COMSOL Multiphysics 有限元软件是一款实用的多物理场仿真应用软件,可以灵活方便地选择使用各个物理接口,自主完成多物理场的耦合分析,尤其在处理复杂多物理场耦合分析问题时更显优势。经研究分析决定采用有限元软件 COMSOL Multiphysics 对煤体热固气耦合数学模型进行求解。因此,本章以所测得的煤体物理参数和建立的煤体热固气耦合数学模型为基础,采用有限元软件 COMSOL Multiphysics 进行数值求解,分析热固气耦合条件下瓦斯在煤体中的渗流特性,探讨了煤体瓦斯压力场、应力场、位移场等物理场的变化规律以及在瓦斯压力、温度和地应力发生变化时的煤体渗透率的变化规律。

6.1 COMSOL Multiphysics 软件

COMSOL Multiphysics 软件是一个可以高度集成的大型工程数值模拟软件,此软件具有几何体创建、网格划分、物理过程定义、数值求解、数据可视化以及后处理等非常多实用性功能。工程师们可以利用 COMSOL Multiphysics 软件方便地进行机械、电子等各种物理工作过程的仿真模拟。

COMSOL Multiphysics 包括力学、声学、电磁波、化学、地球科学、等离子体、传热、流动等多种物理场,各个物理场分为不同的模块,工程师可以方便快捷地建立仿真模型进行仿真计算。工程师还可以根据需要自定义偏微分方程进行求解。在 COMSOL Multiphysics 软件中,工程师可以使用任意类型的函数对材料属性、源项、边界条件进行设定,这些函数可以是随时间变化的,也可以是随空间变化的,其自变量选择比较多元化,既可以采用独立变量又可以采用求解变量本身来作为自变量。用户可以根据自己的需求把各个模块连接拼凑在一起,用来组成用户自身需要使用的多物理场模块。COMSOL Multiphysics 包含的主要模块如图 6-1 所示。

COMSOL Multiphysics 的预定义物理模块可以让工程师非常方便地选择使用,进行模型的快速建立,若是这些模块不能满足需要,工程师也可以选择使用各个物理接口自主完成多物理场的耦合分析,这样的选择方式更加灵活方便,尤其在处理复杂多物理场耦合分析问题时更显优势。很多物理场现象都可以使用偏微分方程进行描述,COMSOL Multiphysics 提供了方便的偏微分方程组自定义模式,工程师或是使用者可以根据自己的需求定义偏微分方程组然后进行求解,而且自定义偏微分方程组还可以与已嵌入软件内的模块进行耦合,减小了工作量,使模型的建立更加方便快捷。

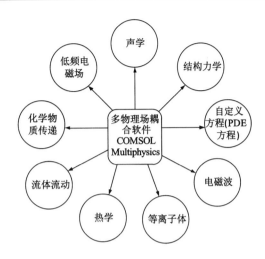

图 6-1　COMSOL Multiphysics 模块

COMSOL Multiphysics 所具备的一系列特征，使它非常适用于工程、科研等领域中的数值模拟分析。

（1）操作模式简单易用

各个模块的物理方程被封装在预定义的应用模式中，工程师和使用者可以在图形用户交互界面（GUI）中方便地输入各个物理参数。

（2）软件模拟过程开放

软件模拟过程中计算的每一个步骤都是根据既定的偏微分方程进行的，软件的开放性可以让使用者看到内置的各个物理场所使用的方程，并且可以根据使用需要进行修改编辑。

（3）丰富的模型库

COMSOL Multiphysics 包含大量丰富的模型库，涉及各种物理模块的使用，还有详细的操作步骤，可以使初学者很快入门掌握软件的使用方法。

（4）自定义 PDE 模式

COMSOL Multiphysics 为使用者提供了标准的 PDE 方程接口，使用者可以根据自己的需要添加偏微分方程组，只需要根据自己的物理方程来修改软件中标准 PDE 方程的系数即可。

6.2　COMSOL Multiphysics 基本建模过程

建模步骤如图 6-2 所示：① 根据相关背景建立符合实际的几何模型。② 定义模型相关的物理参数：第一步一般定义求解域，即将所建立的煤体孔隙率、渗透率、应力场、渗流场、温度场等方程通过偏微分方程组计算工具 PDE 输入 Comsol 中进行计算；第二步定义模型相关的物理性参数，如弹性模量、泊松比、密度等。③ 根据具体情况设置模型的初始边界条件。④ 单元网格划分。⑤ 求解计算。⑥ 可视化后处理。

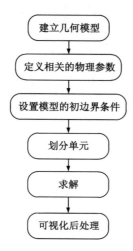

图 6-2　COMSOL Multiphysics 建模步骤

6.3　热固气耦合作用下煤体渗流特性数值模拟分析

6.3.1　构建模型

为了研究煤体渗流特性，在实验室做了煤体瓦斯渗流试验，分析瓦斯压力、有效应力、温度对瓦斯与煤体的影响，研究全应力—应变过程煤体渗透特性变化规律，下面通过数值模拟来研究热固气耦合作用下煤体渗流特性规律。数值计算所采用的计算域及其边界条件如图 6-3 所示。所建的几何模型尺寸为实验时煤体的实际尺寸，其长 50 mm，宽 50 mm，高 100 mm。模型前后端承受主应力 σ_1，左右端承受主应力 σ_2，上端承受垂直主应力 σ_3，下端为位移约束，同时模型具有自重载荷。煤体上边界为瓦斯压力 p，内部初始瓦斯压力 $p_0=0.1$ MPa，煤体初始值温度为 T，四周和上下面均为 0 通量不透气边界，瓦斯在煤体中流动。数值计算中所用的煤体基本物性参数如表 6-1 所示。

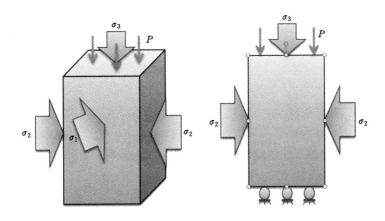

图 6-3　煤体的几何模型及边界条件

表 6-1　　　　　　　　　　　　　**煤体基本材料参数**

参数名称	数值
煤体弹性模量 E	4 100 MPa
煤体泊松比	0.23
煤体密度 ρ	1 350 kg/m³
煤体初始孔隙率	0.082 8
煤体初始渗透率	7.8×10^{-15} m²
瓦斯密度	0.714 kg/m³
瓦斯动力黏度系数	1.15×10^{-5}
煤体导热系数	0.443 J/(m·K)
煤比热容	4.35 J/(kg·K)
煤体积热膨胀系数	1.2×10^{-4} 1/K
瓦斯流体压缩率	4×10^{-10} 1/Pa
瓦斯比热率	1.4

6.3.2　数值分析结果

图 6-4 为 $p=0.9$ MPa、$T=30$ ℃、$\sigma_1=5$ MPa、$\sigma_2=4$ MPa，$\sigma_3=3$ MPa 时煤体位移场变化情况。

从图 6-4 中可以看出，随着三个主应力和瓦斯压力的施加，煤体在 x 方向、y 方向两侧受压，两侧位移比较大，中间位移较小，煤体逐渐被压缩。沿 z 方向，煤体顶端受瓦斯压力和第三主应力的影响，底部为位移约束，因此煤体顶端位移较大，底端由于位移约束的作用产生的位移较小，煤体沿 z 方向逐渐被压缩。从

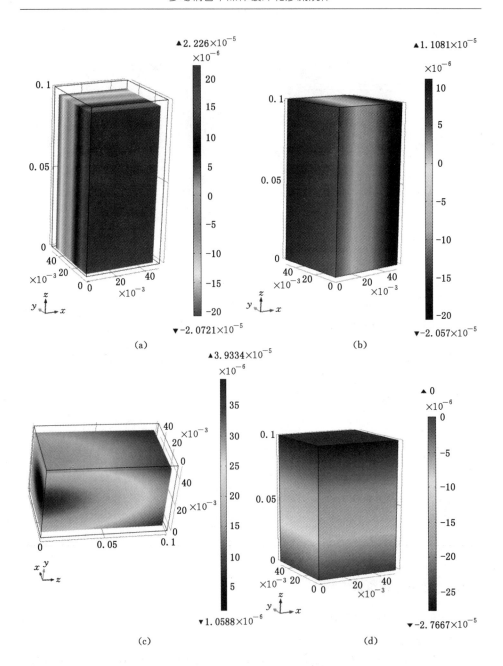

图 6-4　煤体瓦斯位移场情况

（a）x 方向位移场；（b）y 方向位移场；（c）z 方向位移场；（d）总位移场变化情况

总位移图中可以看出,含瓦斯煤体位移从顶端到底部阶梯性减小。因此可以认为随着三个主应力的施加,煤体被压缩,煤体内部原始的孔隙和微裂隙逐渐闭合,渗流通道逐渐变小,因此引起渗透率的变化。

图 6-5 为 $p=0.9$ MPa、$T=30$ ℃、$\sigma_1=5$ MPa、$\sigma_2=4$ MPa、$\sigma_3=3$ MPa 时煤体各物理场变化情况。图 6-5(a)为煤体有效应场的分布规律,从中可以看出煤体的有效应力从模型的顶端往下端逐渐减小并趋于均匀分布,这可以用圣维南原理来解释,即物体任意 1 个小部分作用一个平衡力系,则该平衡力系在物体内部所产生的应力分布,仅局限于力系作用的附近区域。在距离该区域相当远处,这种影响便急剧减小。图 6-5(b)为煤体压力场的分布规律,从中可以看出进口端瓦斯压力为0.9 MPa,出口端瓦斯压力为 0.573 MPa,随着瓦斯从进口端渗透进入煤体,煤体开始吸附瓦斯,导致了瓦斯压力从顶端到底端逐渐降低,同时由于煤体内部孔隙和节理开始吸附瓦斯,发生内膨胀效应,因此导致了煤体孔隙率和渗透率的变化。图 6-5(c)表示煤体速度场变化情况,瓦斯渗流速度从顶端的 $1.491\,9\times10^{-3}$ m/s 减小到底端的 $1.464\,5\times10^{-3}$ m/s。究其原因,随着瓦斯渗透进煤体内部,煤体内部原有的裂隙和孔隙必然会开始吸附,同时煤体内壁吸附的瓦斯越来越多,内壁越来越厚,瓦斯在煤体中更容易滑落,因此导致了瓦斯渗流逐渐降低。

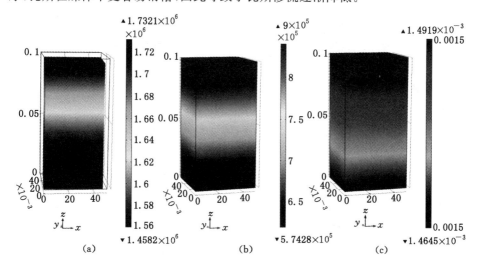

图 6-5　煤体各物理场变化情况

(a) 应力场;(b) 瓦斯压力场;(c) 速度场

为了更加直观反映含瓦斯煤体各物理场变化情况,分别把煤体瓦斯压力场与应力场、速度场、位移场整合在一起,通过纵切面表示瓦斯压力场变化情况,横切面分别表示速度场、位移场、应力场变化情况,如图 6-6 所示。

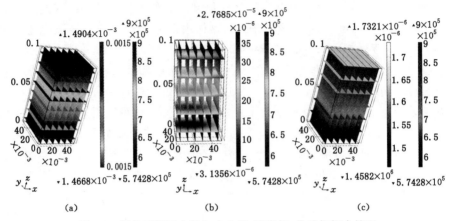

图 6-6　煤体瓦斯压力场与应力场、速度场、位移场耦合情况

（a）速度场与瓦斯压力场；（b）位移场与瓦斯压力场；（c）应力场与瓦斯压力场

图 6-7 为 $T=30℃$、$\sigma_1=5$ MPa、$\sigma_2=4$ MPa、$\sigma_3=3$ MPa 时不同瓦斯压力条件下，含煤体 yz 截面的渗透率的变化情况。

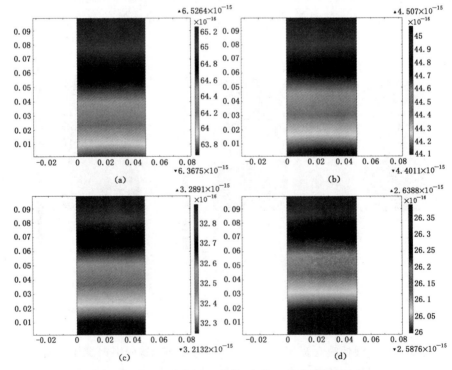

图 6-7　不同瓦斯压力下煤体 yz 截面渗透率变化情况

（a）$p=0.3$ MPa；（b）$p=0.4$ MPa；（c）$p=0.5$ MPa；（d）$p=0.6$ MPa

从图 6-7 可以看出,随着瓦斯压力的升高,yz 截面渗透率却随之降低,且从顶端到底端的降低幅度逐渐变缓。究其原因,当瓦斯压力升高,必然伴随瓦斯流量增加,当大量瓦斯渗透进煤体内部时,煤体内部原有的裂隙和孔隙必然会开始吸附。当吸附了大量瓦斯后,在三个主应力的约束下,煤体不会向外扩容,而是向内部发展,发生内膨胀效应。由于内膨胀效应的产生,煤体内部原有的裂隙和孔隙被压缩、压实或被瓦斯分子占据,原先提供瓦斯渗流的通道被挤占,导致瓦斯更难从煤体渗透,因此渗透率降低。

当煤体吸附瓦斯到达一定程度时,吸附瓦斯逐渐接近动态平衡,吸附膨胀增幅逐渐减小,其降低幅度逐渐变缓。

为了研究煤体热固气耦合动态模型中渗透率的变化情况,取模型出口端,计算出不同瓦斯压力、不同主应力、不同温度作用下渗透率的数值,把数值解导入 Matlab 中,通过编程计算得到煤体渗透率曲面图,得到渗透率随瓦斯压力、主应力、温度变化规律,如图 6-8～图 6-10 所示。

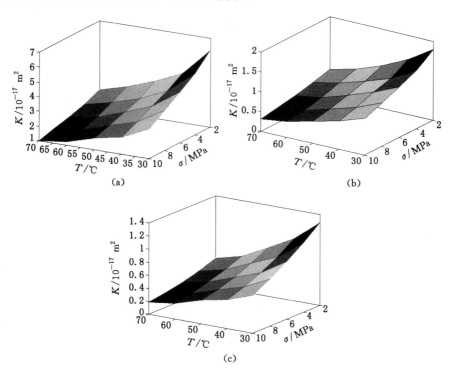

图 6-8　不同瓦斯压力下含瓦斯煤体 $k-T-\sigma$ 曲面图

(a) $p=0.3$ MPa;(b) $p=0.6$ MPa;(c) $p=0.9$ MPa

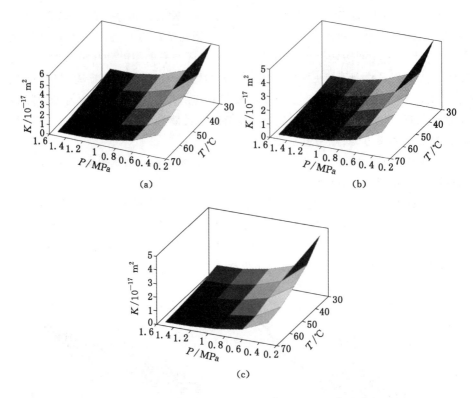

图 6-9 不同主应力下含瓦斯煤体 $k-p-T$ 曲面图
(a) $\sigma_2=4$ MPa;(b) $\sigma_2=6$ MPa;(c) $\sigma_2=8$ MPa

从图 6-8～图 6-10 中得知,保持模型的有效应力和温度不变,瓦斯压力在 0.3～0.9 MPa 时,当瓦斯压力逐渐升高,煤体渗透率急剧下降,而当瓦斯压力升高到 0.9 MPa 以后,渗透率下降趋势平缓。这是因为瓦斯压力的升高,必然伴随瓦斯流量增加,当大量瓦斯渗透进煤体内部时,煤体内部原有的裂隙和孔隙必然会开始吸附。当吸附了大量瓦斯后,在三个主应力的约束下,煤体不会向外扩容,而是向内部发展,发生内膨胀效应。由于内膨胀效应的产生,煤体内部原有的裂隙和孔隙被压缩、压实或被瓦斯分子占据,原先提供瓦斯渗流的通道被挤占,导致瓦斯更难渗透,因此渗透率降低。另一方面,随着瓦斯压力和瓦斯流量的增加,煤体内壁吸附的瓦斯越来越多,内壁越来越厚,克林伯格效应更加明显,即瓦斯在煤体中更容易滑落,导致了渗透率的降低。然而煤体内部空间是有限的,当煤体吸附瓦斯到一定程度时,内部空间已被占据完全,不会再发生内膨胀效应,应此渗透率变化变得缓慢。在瓦斯压力和主应力不变的条件下,温度从 30 ℃上升到 70 ℃时,渗透率呈降低趋势。温度对煤体结构有着重要的影响,温

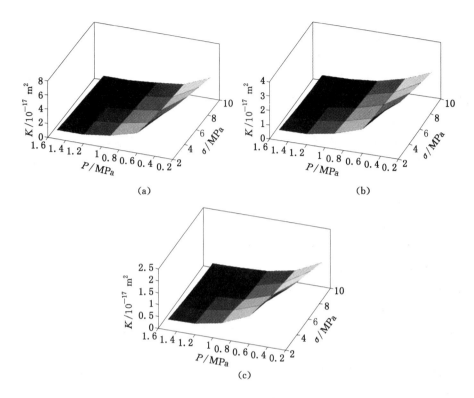

图 6-10 不同温度下含瓦斯煤体 $k-p-\sigma$ 曲面图
(a) $T=30\ ℃$;(b) $T=50\ ℃$;(c) $T=70\ ℃$

度升高会导致煤体质软、易碎,塑性增强,因此在相同条件下煤体内部裂隙和孔
隙更容易被压缩,导致渗透率降低。另外,温度升高会导致瓦斯黏度系数增加,
瓦斯在煤体中流动变得缓慢,不易于瓦斯在煤体中渗透。温度对煤体变形有着
重要的影响,根据"热胀冷缩效应",当温度升高时,煤体会发生内部热膨胀变形,
这样就挤压了原有的裂隙和孔隙,使煤体内部变得更加密实,瓦斯不容易渗入,
导致渗透率降低。当保持瓦斯压力和温度一定时,渗透率随着主应力的升高先
减小然后趋于平缓。随着主应力的增大,煤体被压缩的变形量逐渐增大,裂隙孔
隙被逐渐压实,渗流通道逐渐变小,因此渗透率降低。当达到较高的主应力时,
煤体被逐渐压缩密实,压缩效应逐渐减小,渗流通道稳定,因此渗透率变化趋于
平缓。

6.4　本章小结

以所建立的煤体应力场、渗流场与温度场数学模型和试验所测得的物理参数为基础,通过 COMSOL Multiphysics 软件对煤体渗流特性进行了数值模拟研究,得到的结论如下:

(1)随着三轴主应力和瓦斯压力的施加,煤体被逐渐压缩,煤体内部原始的孔隙和微裂隙逐渐闭合,煤体被压密,渗流通道逐渐变小,因此渗透率降低;随着瓦斯从进口端渗透进入煤体,煤体开始吸附瓦斯,导致了瓦斯压力从顶端到底端逐渐降低,同时由于煤体内部孔隙和节理开始吸附瓦斯,发生内膨胀效应,因此导致了煤体孔隙率和渗透率的变化;有效应力从煤体的顶端往下端逐渐减小并趋于均匀分布,瓦斯渗流速度从顶端到底端逐渐降低。

(2)在不同的瓦斯压力作用下,煤体 yz 截面渗透率随着瓦斯压力的升高却降低,且从顶端到底端的降低幅度逐渐变缓。

(3)通过 Matlab 计算得到煤体在不同瓦斯压力、不同主应力、不同温度作用下渗透率曲面图,研究结果表明:保持主应力和温度不变,渗透率和瓦斯压力呈二次函数变化关系。当瓦斯压力逐渐升高时,渗透率下降趋势先逐渐变快然后变得平稳;保持瓦斯压力和温度恒定,瓦斯压力逐渐升高时,渗透率先急剧下降,继续给煤体施加瓦斯压力以后,渗透率不再急剧下降而是慢慢变得平稳;在瓦斯压力和主应力一定下,渗透率随温度的升高呈降低趋势。

本章参考文献

[1] ZHAO Y S,QING H Z,BAI Q Z. Mathematical model for solid-gas coupled problems on the methane flowing in coal scam[J]. Acta Mechanica Solida Sinica,1993,6(4): 459-466.

[2] 赵阳升.煤体-瓦斯耦合数学模型及数值解法[J].岩石力学与工程学报,1994,13(3):229-239.

[3] 曹树刚,鲜学福.煤岩的广义弹粘塑性模型分析[J].煤炭学报,2001,26(4):364-369.

[4] 梁冰,章梦涛,王泳嘉.煤层瓦斯渗流与煤体变形的耦合数学模型及数值解法[J].岩石力学与工程学报,1996,15(2):135-142.

[5] 汪有刚,刘建军,杨景贺,等.煤层瓦斯流固耦合渗流的数值模拟[J].煤炭学报,2001,26(3):286-289.

［6］孙培德.煤层气越流固气耦合数学模型的 SIP 分析［J］.煤炭学报,2002,27
　　(5):494-498.

［7］杨天鸿,徐涛,刘建新,等.应力-损伤-渗流耦合模型及在深部煤层瓦斯卸压
　　实践中的应用［J］.岩石力学与工程学报,2005,24(16):2900-2905.

［8］徐涛,唐春安,宋力.含瓦斯煤岩破裂过程流固耦合数值模拟［J］.岩石力学
　　与工程学报,2005,24(10):1667-1673.

［9］罗新荣.双重孔隙可压密煤层瓦斯运移的数值模拟［J］.重庆大学学报,
　　1998,21(6):29-33.

［10］CHOI E S,CHEEMA T,ISLAM M R. Anewdual-porosity/dual-perme-
　　abilitymodelwith non-Darcian flow through fractures［J］. Journal of Pe-
　　troleum Science and Engineering,1997,17(3-4):331-344.

［11］REEVES S,PEKOT L. Advanced Reservoir Modeling in Desorption-Con-
　　trolled Reservoirs［J］. paper SPE 71090 presented at the SPE Rocky
　　Mountain Petroleum Technology Conference,Keystone,Colorado,U. S.
　　A. ,21-23 May,2001.

［12］CICEK O. Compositional and Non-Isothermal Simulation of CO_2 Seques-
　　tration in Naturally Fractured Reservoirs/Coalbeds:Development and
　　Verification of the Model［J］Paper SPE 84341 presented at the SPE An-
　　nual Technical Conference and Exhibition,Denver,Colorado,U. S. A. ,5-8
　　October,2003.

［13］PRUESS K,NARASIMHAN T N. On Fluid Reserves and the Production
　　of Superheated Steam from Fractured,Vapor-Dominated Geothermal es-
　　ervoirs［J］. J. Geophys. es. ,1982,87(B11):9329-9339.

［14］PRUESS K,NARASIMHAN T N. A Practical Method for Modeling Flu-
　　id and Heat Flow in Fractured Porous Media［J］. Soc. Pet. Eng. J. ,1985,
　　25(1):14-26.

［15］WU Y S,PRUESS K A. Multiple-Porosity Method for Simulation of Nat-
　　urally Fractured Petroleum Reservoirs［J］. SPE Reservoir Engineering,
　　1988,327-336.

［16］BECKNER B L,CHAN H M,MC DONALD A E,et al. Simulating Natu-
　　rally Fractured Reservoirs Using a Subdomain Method［J］. SPE Symposi-
　　um on Reservoir Simulation,1991:17-20.

［17］BECKNER B L. Imbition-Dominated Matrix Fracture Trans-ferin Dual
　　Porosity　Simulators［J］Paper SPE16981 presented at the 1987 SPE An-

nual Technical Conference and Exhibition, Dallas, 27-30.

[18] NERETNIEKS IVARS, RASMUSON ANDERS. An approach to modelling radionuclide migration in a medium with strongly varying velocity and block sizes along the flow path[J]. Water Resources Research, 1984, 20(12):1823-1836.

7　复杂应力作用下瓦斯抽放钻孔破坏规律实验研究

瓦斯抽采钻孔周围煤岩体属于复杂的各向异性裂隙岩体,近年来,有很多研究者致力于裂隙岩体的研究,并取得了一定的成果。裂隙岩体指含有大量随机分布的节理、裂隙等结构面的岩体,由于结构面的存在,在很大程度上控制了岩体的力学特性。对其研究途径多种多样,主要有关键块理论及离散单元法、变形叠加法、断裂损伤力学方法等。

其中,断裂损伤力学得到很好的应用,将断裂力学和损伤力学结合起来可以实现岩体的微观和宏观相结合。损伤力学引入损伤场这个力学变量,使用宏观变量描述细观变化,描述材料的损伤状态,将材料内部的缺陷作用理解为连续变量场进行研究,认为损伤连续分布于整个介质中,岩石在二次应力场作用下,裂隙有可能断裂扩展,在地下水和瓦斯渗透力的参与下,裂隙尖端应力强度因子提高,促使裂纹扩展,损伤进一步加剧;反过来,裂纹尖端的扩展,使得部分裂纹张开度加大,连通率增高,岩石的渗透性明显增强。

L. M. Kachanov[1] 在研究蠕变断裂时提出了"连续性因子"的概念。Y. N. Rabotnov[2] 在 L. M. Kachanov 的研究基础上做了进一步推广,提出了"损伤因子"的概念,为损伤力学奠定了基础。后经 J. Lemaitre 等[3]、J. L. Chaboche[4]、D. Krajcinovic 等[5]学者的努力,逐渐形成了损伤力学这门新的学科。在岩石力学兴起的 20 世纪 60 年代,开始了岩石断裂力学的研究。J. Hult和J. Janson[6] 在解决混凝土破坏问题时最早把断裂力学和损伤力学二者结合起来。D. Leglnder 等[7]在此方面做了很多研究,将此理论的应用进一步扩大。邢修三[8,9]用非平衡统计概念的方法,经过研究,建立了非平衡统计断裂力学理论。朱维申等[10]学者在该领域做出了重要的贡献,奠定了良好的理论基础。

按照分析,瓦斯抽采钻孔破坏首先是复杂应力场的作用,其次是流变损伤场的作用,再有就是受到渗流场和温度场的作用。

(1)在钻孔应用与钻孔稳定性及破坏研究方面:目前专门从事瓦斯抽放钻孔破坏规律研究的人员较少,而且大多数针对瓦斯抽放钻孔的研究还停留在表面,没有深入地对瓦斯抽放钻孔的破坏机理进行理论研究。根据研究方法的不同,我们可以把目前针对瓦斯抽放钻孔的已有研究成果分成四类。第一类:经验分析方法。陈兴梗[11]、梁运培[12]、孙海涛[13]等一些学者在多年的现场工作实践经验的基础上,查找影响孔壁稳定性的因素,分析孔壁稳定条件,结合现场地质条件寻找合理的瓦斯抽采钻孔布置方位,从而减少瓦斯重放钻孔的破坏情况,增加成孔率。然而这种方法得出的结果过于简单,对现场钻孔施工有一定的指导意义,但不能从根本上解决瓦斯抽放钻孔煤岩体的破坏问题。第二类:以弹塑性力学为基础的理论分析与计算方法。蔺海晓[14]、孙泽宏[15]、姚向荣[16]、宋卫华[17]等分别采用离散单元法的 UDEC 软件、有限单元法的 FLAC 软件以及RFPA 软件对钻孔煤岩体的围岩应力场进行了模拟计算。其中,孙泽宏、姚向荣利用弹塑性理论模拟了钻孔二次应力分布规律、塑性区的变化情况以及钻孔径向位移的改变规律,宋卫华模拟了在不同煤层物理强度、不同地应力、不同钻孔直径影响下钻孔破坏半径的变化,并利用数学线性回归的方法得出钻孔破坏半径的影响公式,发现破坏半径与钻孔的有效直径成对数的关系,与煤层地应力的大小成幂指数关系,与煤层的强度成反比。但以上的数值分析方法没有与理论方法和现场实际相结合,没有考虑到钻孔煤岩体的裂隙节理等因素,而是把煤岩体当成均质的连续体,应用弹塑性力学知识对钻孔煤岩体的破坏进行分析计算,有失偏颇,因此,模拟结果有参考价值,但是不太符合实际情况。而且以上研究方法只是研究了在应力状况下钻孔煤岩体的破坏情况,没有深入地研究在复杂应力作用下、瓦斯渗流作用下以及在长期的应力作用下煤岩的蠕变破坏状况。第三类:以实验室实验研究为主的研究方法。除了以上三种方法,邵保平、赵阳升、冯子军等[18-22]在实验室利用高温岩石三轴实验机研究了高温高压下钻孔花岗岩的变形破坏特征,并且得出了钻孔花岗岩的蠕变破坏规律,找到了钻孔花岗岩破坏的极限温度与荷载条件。花岗岩属于强度很高的硬岩,煤岩是强度弱、节理裂隙密布的破碎软岩,它们破坏规律有很大的差异性。关于瓦斯抽放钻孔煤岩体的损伤破坏规律的研究文献很少,而且研究成果不多,这方面的研究有很大的开拓空间。下面从断裂损伤以及多场耦合的角度说明国内外研究状况。

(2) 在复杂应力场作用下裂隙岩体的损伤方面:S. Murakami[23]提出了基于微观结构观测的二阶损伤张量,J. Lemaitre[24] 和 J. L. Chaboche[25]从损伤材料的应力应变特点中发现并引入损伤张量。由于其与广义热力学框架相符,便于考虑节理裂隙随岩体应力状态和应力水平变化的动态过程,被大家广泛采用。由于岩石通常处于受压状态,破裂形态多属于压剪破坏,复合断裂准则是压剪条件下岩石断裂力学的关键。周群力[26-28]于 1979 年结合 Mohr-Coulomb 准则,建立了压剪断裂起裂准则,在裂纹扩展方向上,许多学者看法比较一致,普遍认为是裂纹扩展偏向于最大压应力方向。这些理论为裂隙岩石力学的发展奠定了基础,并在基础上推导出一些损伤演化方程,但这些方程均是在人工晶体、脆性硬岩的实验基础上得出的,且大多没有应用于工程实践,而且尚未有专门探讨煤体受复杂应力下的损伤断裂的演化过程。由于煤体材料与普通岩石有一定的区别,需要专门探讨其在复杂应力下的损伤断裂过程。

(3)在裂隙岩体流变损伤方面:L. M. Kachanov 提出了蠕变与损伤间的本构关系,Y. N. Rabotnov 根据其理论,提出了单轴下蠕变方程。在此基础上,周维恒[29]提出了岩体损伤断裂模型,夏熙伦等[30,31]提出了蠕变理论模型。但是目前只考虑了损伤特性或者只考虑了流变特性,少有同时考虑二者的工程应用。

(4)在渗流场作用下的裂隙岩体损伤方面:Chugh、康红普[32]等做了大量沉积岩的单轴抗压强度实验,发现岩石的密度、颗粒度、初始状态、孔隙率、含水率、应力状态等物理性质决定了水对岩石强度的弱化程度,但没有考虑岩体结构对岩体强度的影响。岩体属于各向异性明显的结构体,其内部存在各种节理、裂隙、结构面等缺陷,这些缺陷的存在很大程度上影响着岩体的力学性质,使岩体抗拉、抗压、弹性模量等物理参数存在明显的各向异性。关于节理裂隙对岩体强度影响的研究,国内外都取得了一定的成果,如赵平劳[33]做了大量实验来研究层状岩体的抗压强度,得出了一些结论。范景伟等[34]研究了定向闭合裂纹岩体的强度,从理论上进行节理岩体的强度公式的推导,得出了强度公式。王桂尧等[35]通过对节理岩体强度的观测,发现岩体的软弱结构面尺寸对岩体的强度会产生影响。

(5)在渗流场与应力场耦合作用下的岩体的损伤方面:国外于 20 世纪 60 年代开始了裂隙岩体渗流场与应力场耦合问题[36-45]方面的研究工作,法国岩石力学专家 C. Louis[46]于 1974 年研究了某坝址钻孔抽水试验资料后发现渗透系数与正应力的关系,计算出了渗透系数与正应力的经验公式;J. Noorishad[47]提出了岩体渗流要考虑应力场的作用,他以 Biot 固结理论为基础,研究渗流与应力的关系,把多孔弹性介质的本构方程进行了推广,应用到裂隙介质的非线性变形本构关系中。国内是从 20 世纪 80 年代起步,张有天[48]、陶振宇[49]、刘继山[50]、常晓琳和王恩志[51]等许多研究者做过此方面的工作,并取得了一定的成果。目前国外还没有开展裂隙岩体渗流场与损伤场共同耦合作用问题的研究,在国内也刚刚开始。杨延毅[52]在研究渗流场与应力场耦合作用时提出裂隙岩体的渗流损伤耦合分析模型。瓦斯抽放过程钻孔煤体的破坏过程正是应力场与渗流场耦合作用下的破坏物理过程。

对于分裂成块的岩体,只能按照岩体结构力学的知识进行处理与分析。尽管国内外就裂隙岩体渗流提出了裂隙网络分析方法,但对裂隙网络的实际分布了解甚少。谢和平[53]院士利用分形几何学的方法在此方面做了许多工作,主要是集中在实验室的岩石力学方面,利用分形得出岩石的裂隙分布,建立起了微观破坏与宏观断裂之间的桥梁,取得了一定的效果。肖福坤、刘刚等[54,55]对煤岩体的力学性质进行了分析。此外,还有用统计的方法通过研究节理裂隙的产状、间距、迹长等几何参数的分布规律,利用计算机技术进行节理网络模拟的研究,但是效果不很理想。目前,复杂的地质系统的数据描述很不完备,而力学模型往往都是比较理想的状态,他们之间存在严重脱节:岩体的力学地质描述还不能够与精细定量的力学分析很好衔接。而要研究瓦斯抽采钻孔的破坏规律,就需要知道抽采钻孔周围煤体的结构非均匀性真实表征,才能进行相关的力学计算。新发展的数字图像技术,可以把节理几何形态数据直接移植到模型之中,建立一种能够反映岩体真实结构的数值模型。利用数字图像技术,加上计算机的处理能力,可以将获取的岩体图像进行精确测量,得到岩体节理裂隙尺寸及空间分布,再进行空间重建,得到三维岩体结构图,建立计算模型,为岩体的断裂损伤分析提供新的手段。

7.1　含不同倾角瓦斯抽放钻孔煤单轴压缩实验研究

为了研究钻孔对煤岩单轴抗压强度的影响,实验利用 TAW—2000KN 微机控制电液伺服三轴刚性实验机进行单轴压缩实验,研究在不同瓦斯抽采钻孔仰角情况下煤样的破坏情况。

煤体的强度一般较低,形态较为破碎,节理裂隙分布密集,很难加工成直径 50 mm、高度 100 mm 的圆柱形,因此,在实验室制作的方形煤样,利用长钻头在煤样上打钻孔,钻孔的仰角分别为 0°、15°、30°、45°、60°、75°不等,为了保证实验数据的准确性,每个角度的试样做三个,放在 TAW—2000KN 微机控制电液伺服三轴刚性实验机上进行单轴压缩试验,取每种角度三个试样强度的平均值作为最后煤样的单轴抗压强度。部分制作成型的煤样如图 7-1 所示,图 7-2 为煤样单轴压缩破坏图。

图 7-1　制作好的不同钻孔煤样　　　　图 7-2　煤样的单轴压缩破坏实验

从图 7-2 可以看出,实验过程中在钻孔水平方向的边界处最先发生破坏,这是由于在钻孔边界 $\theta=\pm\dfrac{\pi}{2}$ 处正应力最大,首先发生破坏。随着压力的不断增加,裂纹向上下两个方向扩展,最终形成上下贯通的裂隙,裂隙与竖直方向呈 30°夹角,破坏形式应该属于剪切破坏。把实验所得到的所有煤样的单轴抗压强度绘制成曲线,如图 7-3 所示。

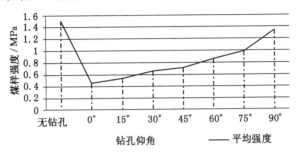

图 7-3　煤样强度随钻孔倾角的变化曲线图

从钻孔煤样的单轴压缩强度变化曲线图可以看出,钻孔仰角在 0°～75°之间的煤岩的单轴抗压强度随着钻孔仰角的逐渐增大基本呈线性增大。没有钻孔时煤岩的强度与钻孔后煤岩的强度相差很大,说明钻孔缺陷对煤岩单轴抗压强度的影响很大。90°钻孔煤岩强度比 0°～75°钻孔煤岩的单轴抗压强度要高许多,比没有钻孔时候煤样的单轴抗压强度低,可以认为 90°钻孔只是改变了煤样的高径比,对煤样的单轴抗压强度有影响但没有倾斜钻孔对煤岩强度的影响大。参考虎克布朗强度理论,分析无钻孔煤岩和 0°～75°钻孔煤岩的强度,对数据进行线性回归分析,得到如下线性公式:

$$\sigma_{\theta}=0.31\sigma+1.28\times\frac{\beta}{180} \qquad (7\text{-}1)$$

当然,对于具有不同成分、力学性质有差异的煤岩,这样一个简单的公式不足以描述钻孔煤的强度变化,实际情况要比实验室情况复杂得多,但可以应用这种方法进行钻孔煤岩的力学性质影响分析,寻找钻孔对煤岩体强度的影响规律,为瓦斯抽采钻孔的布置现场施工提供理论指导。

7.2　含水平瓦斯抽放钻孔煤实验研究

为了进一步分析瓦斯抽放钻孔的破坏过程,在型煤研究的基础上,采用原煤进行实验,在加工成方形煤柱的中心部位用钻机打出直径 5 mm 的钻孔,在

TAW—2000KN电液伺服岩石三轴试验机上进行单轴压缩试验,观察钻孔周围裂隙节理的扩展状况,研究钻孔的破坏规律。图7-4为部分钻孔煤准备照片。

图 7-4　打孔煤样照片

由于开采扰动和运输等人为因素,导致从现场采集回来的煤样内部存在密集的节理裂隙,对煤的力学性质会产生很大的影响。如图7-4所示,在煤样上分布有各个方向的裂隙、节理,有的煤样内存在弱面,夹杂矸石,这些因素都将影响煤样的力学性质。钻孔周围分布的不同形式的节理裂隙对钻孔强度的影响也不相同,在受力破坏过程中的破坏形态也会各式各样。比较典型的裂隙钻孔有以下几种:① 钻孔周边存在竖直方向裂隙;② 钻孔周边存在水平方向裂隙;③ 钻孔周边存在一定倾角的裂隙;④ 钻孔周边存在弱面;⑤ 钻孔周边存在多种倾角的混合裂隙;⑥ 钻孔周围存在弱面和裂隙。

下面就实验中遇到的裂隙钻孔的破坏情况进行分析。

图7-5所示是钻孔上方有竖直方向裂隙,下方有与竖直方向成35°夹角裂隙的钻孔煤破坏过程照片。从图7-5(b)可以看出,在钻孔左边与竖直方向成35°夹角的裂隙首先张开扩展,随后钻孔上方的竖直裂纹张开,钻孔左边有水平裂纹弱面的地方形成小块剥落,35°裂纹扩展至下方,与存在的一条竖直小裂隙接通,使竖直小裂隙张开。随着加载的继续,竖直裂纹和35°裂纹的张开度增大,钻孔边界的剥落面积也不断增大。从实验照片可以看出,煤样首先在35°裂纹处发生剪切破坏,随后竖直裂纹受拉应力而扩张,水平方向的裂纹弱面导致煤面剥落。

图7-6为与图7-5对应的煤样压缩过程的应力应变曲线。煤样裂纹扩展前期曲线没有明显变化,当裂纹扩展至图7-5(d)的情况时煤样应力达到最大值,开始出现下降。

如果钻孔周围存在一定角度的弱面,由于弱面的强度较低,在受力过程中会首先从弱面开始发生破坏。如图7-7所示,钻孔周围存在与竖直方向成25°夹角

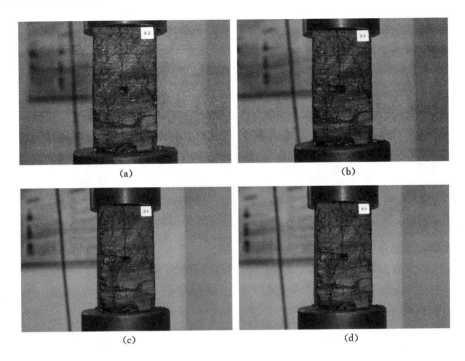

图 7-5　钻孔附近垂直裂纹扩展过程

（a）原始裂纹状态；（b）裂纹开始扩展；（c）裂纹进一步扩展；（d）裂纹扩大并贯穿钻孔

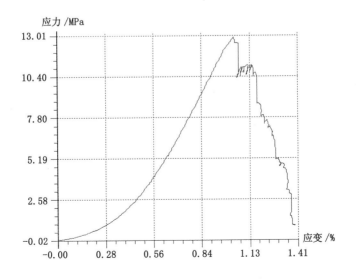

图 7-6　钻孔含纵向裂纹煤的应力应变曲线

的弱面,加载过程中在钻孔边界沿着弱面的方向首先产生裂隙,随着载荷的增加裂隙逐渐扩展,最后沿着弱面产生滑移破坏。

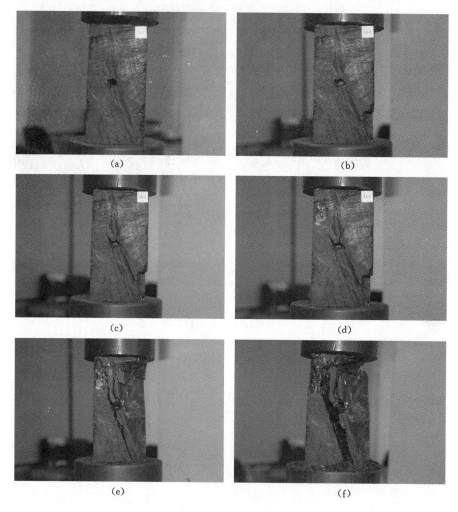

图 7-7　钻孔弱面裂隙形成扩展过程

(a) 钻孔弱面的原始状态;(b) 钻孔弱面生成裂纹;(c) 钻孔弱面裂纹扩展;

(d) 钻孔弱面裂纹放大;(e) 钻孔弱面形成部分滑落;(f) 弱面裂隙贯穿钻孔形成离层

弱面钻孔实验过程的轴向应力应变曲线如图 7-8 所示,在形成图 7-7(d)形状的裂纹时应力应变曲线达到峰值;继续加载应力值在峰值上下波动,逐渐形成如图 7-7(e)形状的破坏;随着破坏的加剧,应力值急剧下降最后形成图 7-7(f)形式的破坏形态。

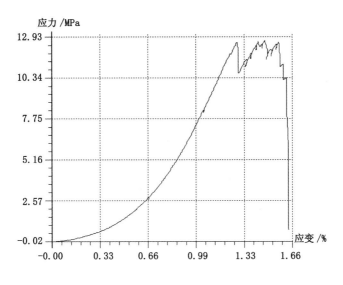

图 7-8 弱面钻孔压缩应力应变曲线

7.3 不同倾角瓦斯抽放钻孔稳定性数值模拟分析

瓦斯抽放钻孔是具有一定倾角的,根据现场不同的地质情况以及瓦斯赋存情况,钻孔倾角的大小和方向都不相同。在地下空间中,岩层和煤层都同时受到垂直地应力和水平地应力的作用,改变煤体内瓦斯抽放钻孔的仰角,钻孔的受力情况也会相应改变。在前文叙述中,为了研究不同瓦斯钻孔倾角影响下钻孔的强度在实验室条件下做了相应的实验,并分析了钻孔仰角对钻孔强度的影响,下面通过数值模拟来研究不同瓦斯抽放钻孔仰角对钻孔周围应力的影响。

7.3.1 试验方案

图 7-9 为与实验尺寸相同的煤样模型,长 50 mm,宽 50 mm,高 100 mm,钻孔直径为 5 mm,仰角为 5°~60°不等。模型的上边界条件设为应力边界,均布载荷为 5 MPa(相当于埋深大约 200 m 的地应力),下边界设为固定约束,与实验条件相一致,四面边界设为自由面。

7.3.2 试验结果与分析

图 7-10~7-21 所显示的为钻孔煤的应力云图。从图中可以看出,在钻孔水

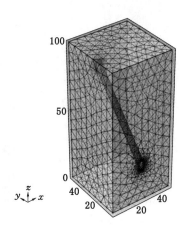

图 7-9　数值模拟计算模型

平边界处应力值最大,是最容易发生破坏的地方,与实验结果相符,钻孔最先从水平边界处发生破坏然后向上下延伸。在钻孔的上下边界处应力值是整个煤样中最小的地方,最不容易发生破坏。图例中下部深色代表应力值小,上部深色代表应力值大,从下向上过渡应力值逐渐增大。从图 7-10～7-21 显示颜色从深色逐渐向浅色过渡,整体上应力值是从小变大的,但在应力集中的钻孔水平边界区域,应力值随着钻孔仰角的增大而逐渐减小,这说明随着钻孔仰角的不断增大,煤中的缺陷体积虽然增大,整体应力水平提高,但最大应力值下降,最小应力值增加,钻孔应力集中现象降低,应力的分布更加均匀,达到破坏条件的区域减小,煤样趋于更加稳定。

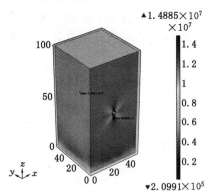

图 7-10　0°钻孔应力变化图

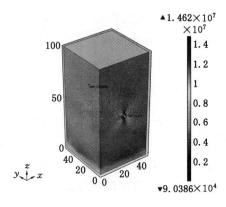

图 7-11　5°钻孔应力变化图

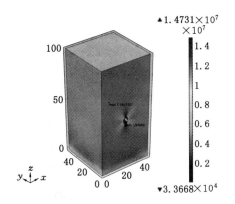

图 7-12 10°钻孔应力变化图

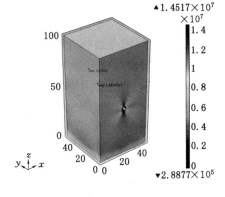

图 7-13 15°钻孔应力变化图

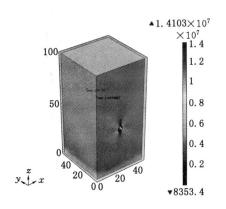

图 7-14 20°钻孔应力变化图

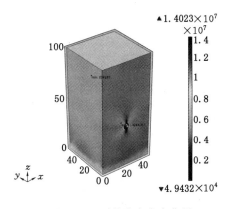

图 7-15 25°钻孔应力变化图

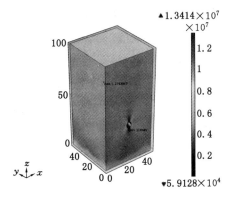

图 7-16 30°钻孔应力变化图

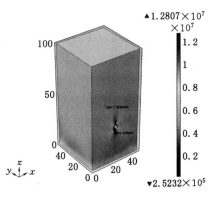

图 7-17 35°钻孔应力变化图

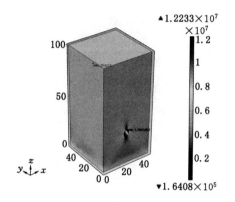

图 7-18　40°钻孔应力变化图

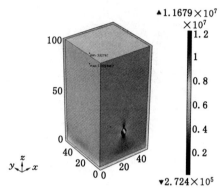

图 7-19　45°钻孔应力变化图

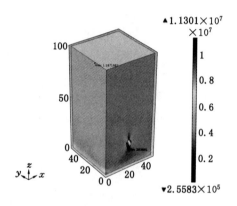

图 7-20　50°钻孔应力变化图

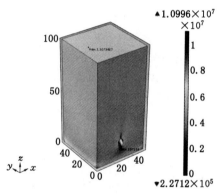

图 7-21　55°钻孔应力变化图

　　钻孔竖直截面的应力图如图 7-22～图 7-33 所示,图例中颜色的深浅代表应力值的大小,下部深色代表应力值小的区域,上部深色代表应力值大的区域。从图中可以看出,钻孔上下边界处的应力值较小,但随着钻孔仰角的不断增大,说明钻孔上下边界处的应力值在不断增大。在图中,钻孔以上的部分,随着与钻孔距离的增加,应力值逐渐增大,而随着钻孔仰角的不断增大,单轴压缩煤样内部的最大应力值逐渐减小,最小应力值逐渐增大,最大最小应力值之差减小,煤样内部的应力更加均匀。

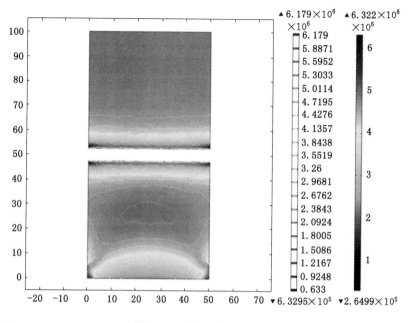

图 7-22　0°钻孔截面应力

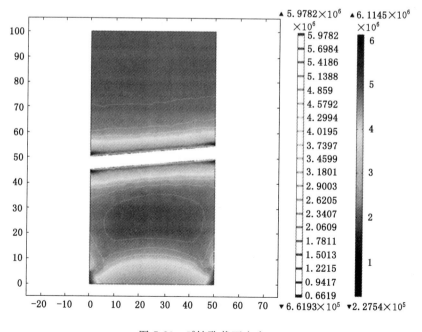

图 7-23　5°钻孔截面应力

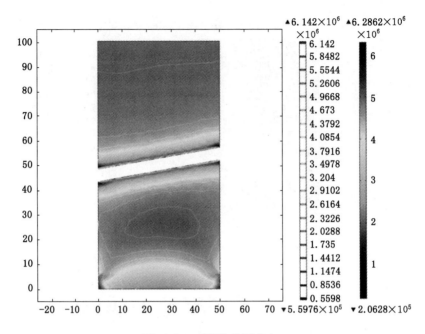

图 7-24　10°钻孔截面应力

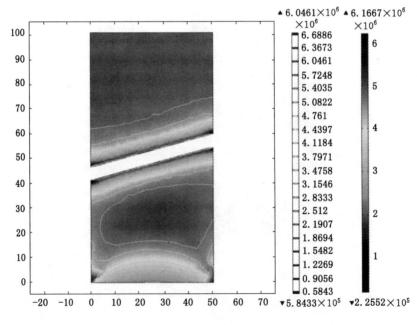

图 7-25　15°钻孔截面应力

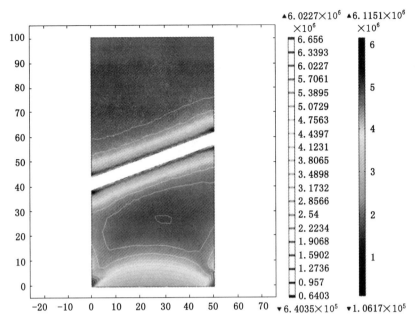

图 7-26　20°钻孔截面应力

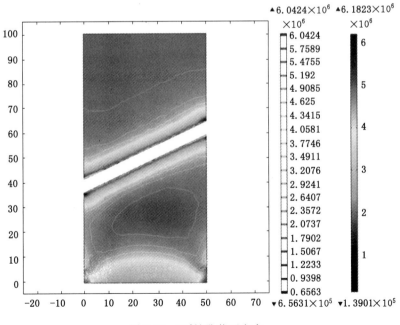

图 7-27　25°钻孔截面应力

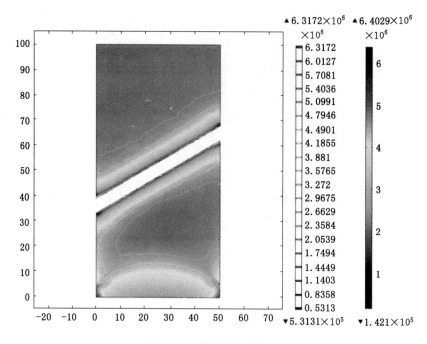

图 7-28　30°钻孔截面应力

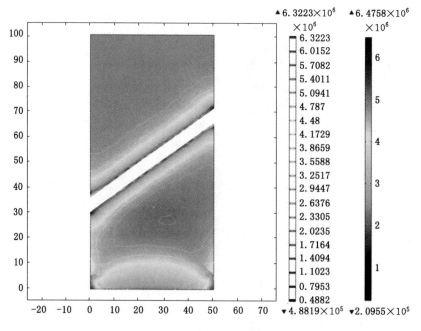

图 7-29　35°钻孔截面应力

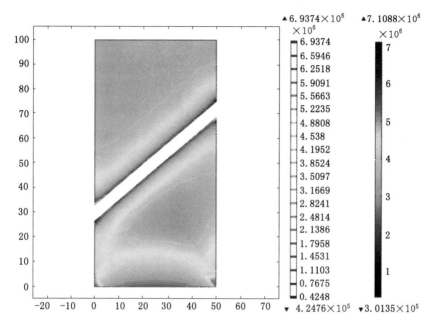

图 7-30　40°钻孔截面应力

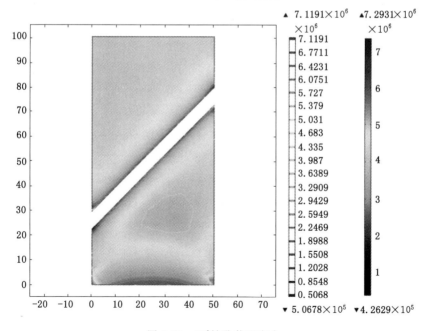

图 7-31　45°钻孔截面应力

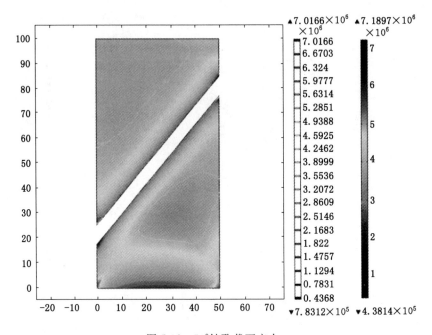

图 7-32　50°钻孔截面应力

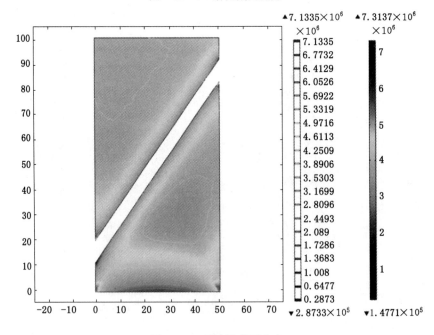

图 7-33　55°钻孔截面应力

7.4 不同倾角钻孔围岩塑性区分布数值模拟

7.4.1 模型的构建

瓦斯抽采钻孔处于瓦斯流动与地应力的共同作用下,钻孔在渗流与应力共同作用下工作。为了研究在此状态下钻孔周围的应力以及变形情况,利用前面建立的耦合计算模型,通过多物理场耦合数值分析软件 Comsol 进行计算模拟,分析钻孔的稳定性。为了节省计算内存占用量,在不影响结果的情况下,减小模型深度尺寸,建立图 7-34 所示的几何模型,模型长 2 m,高 2 m,厚 0.5 m,钻孔直径为 75 mm。

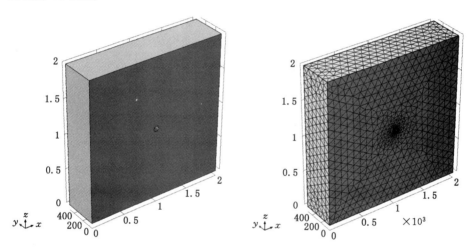

图 7-34 数值模拟模型

模型的上边界设为 7 MPa 的地应力,左侧边界为地应力侧压系数乘以垂直地应力,右侧边界、下侧边界和后侧边界设为辊轴支撑。模型内瓦斯初始压力设为 1.3 MPa,抽采钻孔的边界设为 0.013 MPa 的抽采负压,左右边界、上下边界设为 1.3 MPa 的瓦斯压力。求解模型的具体参数设置见表 7-1。

表 7-1   数值模拟的相关参数

符号	参数名称	值	单位
α	吸附常数	22.647	—
ρ	煤体的密度	1.31×10^3	kg/m³

续表 7-1

符号	参数名称	值	单位
Φ_0	煤体的初始孔隙率	0.082 8	—
k_0	煤体的初始渗透率	2.62×10^{-15}	m^2
μ	CH_4 的动力黏性系数	1.08×10^{-5}	Pa·s
a	单位质量的煤的最大吸附瓦斯量	22.647	m^3/t
ν	泊松比	0.33	—
M	水分	1.7	%
A	灰分	11.59	%
b	吸附常数	0.474	MPa^{-1}
ρ	瓦斯密度	0.714	kg/m^3
P_0	原始瓦斯压力	1.3	MPa
r_0	钻孔半径	50	mm

7.4.2 钻孔角度变化周围的塑性区变化

瓦斯抽采钻孔的竖直剖面图是一个椭圆形,相当于一个椭圆形钻孔受到了竖直和水平方向的地应力,随着钻孔角度的改变,钻孔的竖直剖面大小及形状也会相应改变。钻孔的倾斜角度越大,垂直剖面切割钻孔所形成的椭圆形长轴就越长,这时由于钻孔形状的改变,钻孔周围的应力以及变形也会发生变化。随着钻孔仰角的变化,钻孔周围的塑性区变化情况如图 7-35~图 7-42 所示。

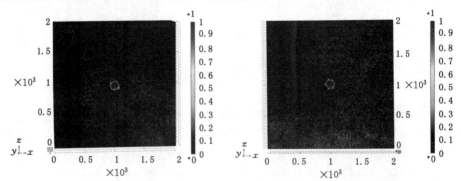

图 7-35　仰角 0°钻孔周围塑性区　　图 7-36　仰角 10°钻孔周围塑性区

图 7-35~图 7-42 中瓦斯抽采钻孔只在竖直方向变化,仰角变化范围从 0°~45°。从图中看出,在 0°~25°之间,随着瓦斯抽采钻孔仰角的变化钻孔周围的塑性区环绕在钻孔周围,没有明显的变化;钻孔仰角从 30°~45°变化过程中,塑性

区面积有所增大,并且在钻孔上方形成羊角形状的塑性区域。图 7-43~图 7-48 中钻孔沿倾斜方向布置,倾斜角度从 0°~45°变化。

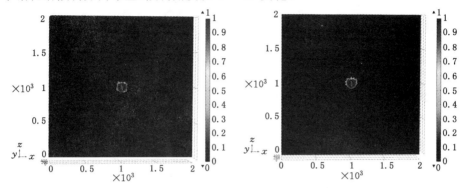

图 7-37 仰角 20°钻孔周围塑性区   图 7-38 仰角 25°钻孔周围塑性区

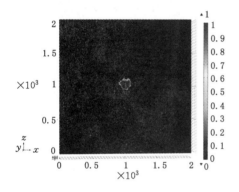
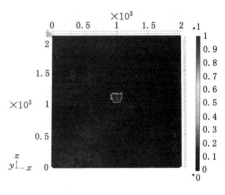

图 7-39 仰角 30°钻孔周围塑性区   图 7-40 仰角 35°钻孔周围塑性区

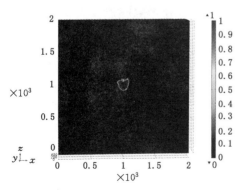
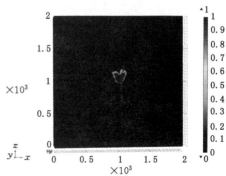

图 7-41 仰角 40°钻孔周围塑性区   图 7-42 仰角 45°钻孔周围塑性区

  如图 7-43～图 7-48 所示,因钻孔倾斜角度变化导致的周围塑性区域变化情况与钻孔仰角变化导致的钻孔周围塑性区的变化情况相似。当钻孔倾斜角度在 0°～25°之间时,塑性区域面积没有明显变化,围绕在钻孔周围分布;当倾斜角度从 30°变化到 45°过程中,钻孔周围塑性区域形状发生明显改变,面积有所增大,形成羊角形,而突出的"羊角"所在的位置是钻孔倾斜的方向。当钻孔向上倾斜的时候"羊角"出现在钻孔上方,当钻孔向左上方倾斜的时候"羊角"出现在左上方。"羊角"形塑性区域的产生要归咎于钻孔的倾斜,倾斜角度越大,"羊角"形状就越明显,因为钻孔倾斜导致在钻孔周围出现内空外实的一个区域,这个区域正是"羊角"的两角之间,在这个区域出现卸压,而在两侧则出现应力集中现象。

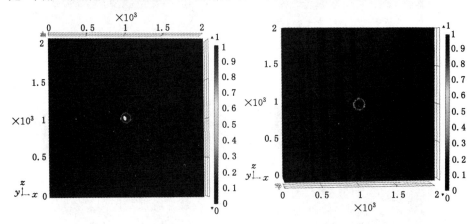

图 7-43 倾斜 0°钻孔周围塑性区   图 7-44 倾斜 10°钻孔周围塑性区

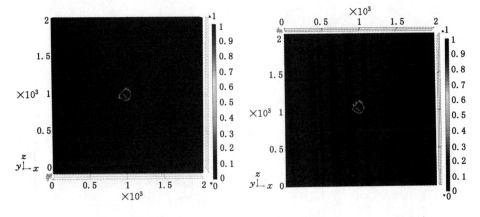

图 7-45 倾斜 20°钻孔周围塑性区   图 7-46 倾斜 25°钻孔周围塑性区

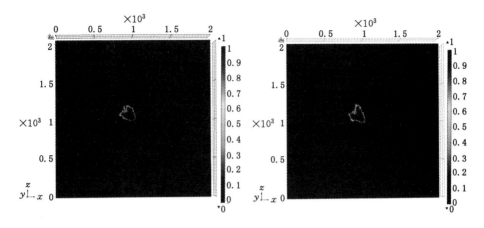

图 7-47　倾斜 40°钻孔周围塑性区　　　图 7-48　倾斜 45°钻孔周围塑性区

7.4.3　水平侧压系数的变化对水平钻孔周围应力及塑性区大小的影响

在煤层开采过程中,工作面、运输巷、回风巷等地点存在很多裸露自由面,由于这些自由面的存在,会导致煤层一些区域的侧压系数 λ 降低,影响煤层的受力环境。存在于这些区域的瓦斯抽放钻孔会受到相应的影响,不同的受力环境将导致钻孔周围区域产生不同的应力变化。图 7-49～图 7-54 所示为侧压系数 λ 从 0～1 变化过程中水平瓦斯抽采钻孔周围的 Tresca 应力图。

图 7-49　λ＝0.0 时钻孔周围的 Tresca 应力　　图 7-50　λ＝0.2 时钻孔周围的 Tresca 应力

图 7-51　$\lambda = 0.4$ 时钻孔周围的 Tresca 应力　　图 7-52　$\lambda = 0.6$ 时钻孔周围的 Tresca 应力

图 7-53　$\lambda = 0.8$ 时钻孔周围的 Tresca 应力　　图 7-54　$\lambda = 1.0$ 时钻孔周围的 Tresca 应力

　　Tresca 在 1864 年提出了材料发生屈服时的屈服条件,他认为当材料中的最大剪应力达到某个定值时材料就发生屈服,被称为最大剪应力屈服条件。当 $\sigma_1 > \sigma_2 > \sigma_3$ 时,屈服条件为:

$$f(\sigma_{ij}) = \frac{\sigma_1 - \sigma_3}{2} - k_1 = 0 \qquad (7\text{-}2)$$

式中,k_1 为材料常数,该值可由简单的实验确定,如单轴拉伸和纯剪实验。

　　数值计算结果中所显示的 Tresca 应力为该点的最大剪切应力。大量的实验证明,在岩石材料中,剪切强度小于拉伸强度小于抗压强度,因此用最大剪切应力能够准确地反映出岩体受力最大最容易发生破坏的位置。

如图 7-49 所示,当 $\lambda=0$ 时钻孔周围出现明显的 X 形最大剪应力集中区,与岩石材料的单轴压缩破坏实验结果"出现 45°共轭剪切破坏形状"相一致。随着侧压系数 λ 的不断增大,钻孔周围 X 形最大剪应力集中区域越来越不明显,应力集中区域回缩,逐渐向钻孔左右两侧聚集。应力集中区域面积也逐渐减小,应力集中现象减弱,到 $\lambda=1$ 时 X 形剪应力集中区基本消失,取而代之的是钻孔周围均匀的环形最大剪应力集中区。随着侧压系数的逐渐增大,煤体内 Tresca 应力值在逐渐减小,煤体的受力环境趋于更加安全稳定的状态。

图 7-55 所示为钻孔周围最大剪应力随侧压系数 λ 的变化曲线,从图中可以看出随着侧压系数的不断增大最大剪应力值在逐渐减小,瓦斯抽放钻孔周围的最大剪应力值随着侧压系数的增大而减小。说明随着侧压系数从 $0\sim1$ 的增加过程中瓦斯抽放钻孔周围的应力环境趋于更加稳定,更不容易发生破坏。

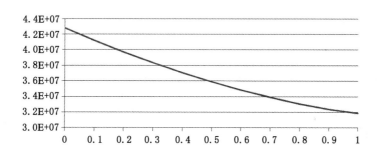

图 7-55 最大 Tresca 应力随侧压系数的变化

图 7-56～图 7-61 所示为随着侧压系数 λ 的变化钻孔周围塑性区的变化情况。如图 6-56 所示,当 $\lambda=0$ 时,在钻孔周围形成非常明显的 X 形塑性区,在这个区域内的煤体已经发生屈服,在钻孔周围易发生 X 形剪切破坏。随着侧压系数 λ 的不断增大,钻孔周围塑性区的范围逐渐减小,塑性区向钻孔水平边缘处移动,当 $\lambda=1$ 时,塑性区均匀地分布于钻孔的周围边缘处。从结果中可以看出,随着侧压系数的不断增大钻孔周围的塑性区逐渐减小,而且塑性区逐渐由 X 形分布变成围绕钻孔周围的环形分布,破坏形式由 X 形剪切破坏变成压缩破坏。

图 7-56　λ＝0.0 时钻孔周围的塑性区　　　　图 7-57　λ＝0.2 时钻孔周围的塑性区

图 7-58　λ＝0.4 时钻孔周围的塑性区　　　　图 7-59　λ＝0.6 时钻孔周围的塑性区

图 7-60　λ＝0.8 时钻孔周围的塑性区　　　　图 7-61　λ＝1.0 时钻孔周围的塑性区

7.5　本章小结

通过实验室实验分别研究了两方面的内容：

（1）通过改变瓦斯抽放钻孔的仰角来实现改变钻孔受力状态的方法研究了钻孔在受到与钻孔轴线成一定夹角的载荷作用下钻孔的破坏。实验结果表明，随着瓦斯抽放钻孔仰角的改变，瓦斯钻孔最先发生破坏的区域没有发生变化，始终在钻孔水平边界处；当钻孔发生破坏后，在水平钻孔边界处产生裂缝，分别向上下 63°（煤样尖角）方向扩展，最终形成剪切滑移破坏。

（2）煤样水平钻孔周围分布不同方向裂隙时钻孔的破坏方式也不相同。如果钻孔边界有倾斜方向的裂隙，在受压破坏过程中与竖直方向的夹角在 35°~50°之间的裂隙会首先扩展，随后是竖直方向的裂隙，水平方向的裂隙不能发生扩展，在挤压之下，会形成剥落离层。在煤样受力过程中，与竖直方向呈一定夹角的倾斜方向以剪应力为主，竖直方向以拉应力为主，水平方向以压应力为主，实验结果验证了煤样的剪切强度小于抗拉强度小于抗压强度这一规律。

通过数值模拟研究了不同瓦斯抽放钻孔仰角情况下钻孔周围的应力变化情况。结果显示，随着钻孔仰角的不断增大钻孔煤样的整体应力值有所上升，钻孔周围的最大应力值逐渐减小，而最小应力值却增大，钻孔煤样内部的应力分布大小差距减小，钻孔的受力情况更趋于稳定。

通过有限元软件 COMSOL Multiphysics 对含瓦斯煤钻孔在煤岩体变形场和瓦斯渗流场耦合的情况下进行了数值模拟研究，得出以下主要结论和认识：

（1）瓦斯抽采钻孔的倾斜角度在 30°~45°时钻孔周围塑性区变化明显，在钻孔的倾斜方向则会出现"羊角"形的塑性区，而且随着倾斜角度的不断增大塑性区面积会有所增大，"羊角"的形状会更加尖锐突出。

（2）受水平应力的影响，在水平侧压系数不同的情况下钻孔周围的应力及塑性区会发生较大变化。随着侧压系数从 0~1 的增加过程中瓦斯抽放钻孔周围的应力环境趋于更加稳定，更不容易发生破坏。随着侧压系数的不断增大，钻孔周围的塑性区逐渐减小，而且塑性区逐渐由 X 形分布变成围绕钻孔周围的环形分布，破坏形式由 X 形剪切破坏变成压缩破坏。

本章参考文献

[1] KACHANOV L M. On the time to failure under creep condition[J].

Izv Akad Nauk USSR Otd Tekhn Nauk,1958,(8):26-31.

[2] RABOTNOV Y N. On the equations of state for creep[J]. Progress in Applied Mechanics,1963:307-315.

[3] LEMAITRE J,CHABOCHE J L. Aspect phenomenologique dela rupture par endommagement[J]. J Mec Appl,1978,2(3):317-365.

[4] CHABOCHE J L. Continuous damage mechanics:A tool to describe phenomena before crack initiation[J]. Nucl Eng Des,1981,64:233-247.

[5] KRAJCINOVIC D,FONSEKA G U. The continuous damage theory of brittle materials—part 1,2[J]. ASME J Appl Mech,1981,48:809-815,816-824.

[6] HULT J,JANSON J. Fracture Mechanics and Damage Mechanics-A. Combined Approach[J]. Journal de mecanique theorique et appliquee,1997,(1):69-84.

[7] LEGLNDRA D,MAZARS. 混凝土的损伤力学和断裂力学[M]. 张彦秋,译. 岩石混凝土断裂与强度,1985(1):51-58.

[8] 邢修三. 脆性断裂的围观机理和非平衡统计特征[J]. 力学进展,1986,16(4):495-510.

[9] 邢修三. 损伤与断裂的统一[J]. 力学学报,1991,23(1):123-127.

[10] 朱维申,陈卫忠. 加锚节理裂隙岩体的本构关系研究[R]. 中国科学院武汉岩土力学研究所科研报告,1995.

[11] 陈兴梗. 大口径钻孔孔壁稳定性分析[J]. 海峡科学,2010(3):36-38.

[12] 梁运培. 地面采空区瓦斯抽放钻孔稳定性分析[J]. 煤矿安全,2007(3):1-4.

[13] 孙海涛. 地面瓦斯抽采钻孔变形破坏影响因素及防治措施分析[J]. 矿业安全与环保,2010,37(2):79-85.

[14] 蔺海晓. 煤层钻孔周围应力场的分析与模拟[J]. 河南理工大学学报,2011,30(2):137-144.

[15] 孙泽宏. 深部软岩层钻孔变形失稳数值模拟及成孔方法研究[J]. 中州煤炭,2011(7):13-17.

[16] 姚向荣. 深部围岩遇弱结构瓦斯抽采钻孔失稳分析与成孔方法[J]. 煤炭学报,2010,35(12):73-81.

[17] 宋卫华. 卸压(排放)钻孔破坏半径的数值模拟分析[J]. 辽宁工程技术大学学报,2006,25(增):13-15.

[18] 冯子军. 高温4000 m静水压力下钻进过程中花岗岩体变形特征[J]. 岩石

力学与工程学报,2010,29(增2):4108-4112.

[19] 邰保平.高温高压下花岗岩中钻孔变形规律实验研究[J].岩土工程学报, 2010,32(2):253-258.

[20] 邰保平.高温高压下花岗岩中钻孔围岩的热物理及力学特性试验研究[J]. 岩石力学与工程学报,2010,29(6):1245-1253.

[21] 邰保平.高温静水应力状态花岗岩中钻孔围岩的流变实验研究[J].岩石力学与工程学报,2008,27(8):1659-1666.

[22] 赵阳升.高温高压下花岗岩中钻孔变形失稳临界条件研究[J],岩石力学与工程学报,2009,28(5):865-874.

[23] MURAKAMI S,OHNO N. A continuum theory of creep and creep damage[C]. 3rd. IUTAM symp. On creep in structures ,Leicester,1980.

[24] LEMAITRE J. A continuous damage mechanics model for ductile fracture [J]. Eng. Mster,tech,1983,107(1):83-89.

[25] CHABOCHE J L. Continuous damage mechanics:A tool to describe phenomena before crack. Initiation[J]. Nuckear Engineering and Design, 1981,64(3):233-247.

[26] 周群力.从断裂力学的观点对新丰江水库地震机理的探讨[J].地震研究, 1979(3):31-41.

[27] 周群力.岩石压剪断裂判据及其应用[J].岩土工程学报,1987,9(3): 33-37.

[28] 周群力.岩石压剪断裂核的扩容效应[J].岩石力学与工程学报,1999,18 (4):444-446.

[29] 周维恒.节理岩体的损伤断裂模型及验证[J].岩石力学与工程学报,1991, 10(1):43-54.

[30] 夏熙伦,任放.在压缩载荷下岩石和水泥试样的复合型断裂试验及判据 [J].水利学报,1984(9):50-55.

[31] 夏熙伦,徐平.岩石流变特性及高边坡稳定性流变分析[J].岩石力学与工程学报,1996,15(4):11-20.

[32] 康红普.水对岩石的损伤[J].水文地质工程地质,1994(3):39-40.

[33] 赵平劳.层状结构岩体的复合材料本构模型[J].兰州大学学报,1988,26 (2):114-118.

[34] 范景伟,何江达.含定向闭合断续节理岩体的强度特性[J].岩石力学与工程学报,1992,11(2):190-199.

[35] 王桂尧,孙宗顾,徐纪成.岩石压剪断裂机理及强度准则的探讨[J].岩土工

程学报,1996,18(4):68-74.

[36] 贾善坡.泥岩渗流-应力耦合蠕变损伤模型研究[J].岩土力学,2011,32
(9):2596-2602.

[37] 蒋中明.裂隙岩体高压压水试验水-岩耦合过程数值模拟[J].岩土力学,
2011,32(8):2500-2506.

[38] 王亮.巨厚火成岩下采动裂隙场与瓦斯流动场耦合规律研究[J].煤炭学
报,2010,35(8):1287-1291.

[39] 王永岩.温度-应力-化学三场耦合作用下深部软岩巷道蠕变规律数值模拟
[J].煤炭学报,2012,12(10):1-5.

[40] 李根.水岩耦合变形破坏过程及机理研究进展[J].力学进展,2012,42(5):
593-619.

[41] 贾善坡.渗流—应力耦合作用下深埋黏土岩隧道盾构施工特性及其动态行
为研究[J].岩石力学与工程学报,2012,31(增1):2681-2691.

[42] 盛佳韧.软岩地下洞库施工的水土耦合有限元模拟[J].浙江大学学报,
2012,46(5):785-790.

[43] 徐明明.大理岩岩体力学特性的水压—应力耦合试验研究[J].长江科学院
院报,2012,29(8):34-38.

[44] 陆银龙.煤炭地下气化过程中温度—应力耦合作用下燃空区覆岩裂隙演化
规律[J].煤炭学报 2012,37(8):1292-1298.

[45] 许文耀.水—岩耦合作用下边坡岩体渗流二维数值模拟[J].金属矿山,
2011(12):30-34.

[46] LOUIS C,MAINI Y N T. Determination of in situ hydraulic parameters in
jointed rock[C]. Rroc. 2nd Congr. ISRM,1970,1:235-245.

[47] NOORISHAD J,TSANG C F,WITHERSPOON P A. Coupled thermal-
hydraulic-mechanical phenomena in saturated fractured porous rocks:nu-
merical approach. [J]. Geopyhs. Res. ,1984,89(B12):10365-10373.

[48] 张有天.裂隙岩体渗流与应力祸合分析[J].岩石力学与工程学报,1994,13
(4):299-308.

[49] 陶振宇.节理岩体损伤模型及验证[J].水力学报,1991(6):52-58.

[50] 刘继山.基于图像数字化技术的裂隙岩体非稳态渗流分析[J].岩石力学与
工程学报 2006,25(7):1402-1407.

[51] 王恩志.低渗透岩石渗透率对有效应力敏感系数的试验研究[J].岩石力学
与工程学报,2007,26(2):410-414.

[52] 杨延毅.裂隙岩体的渗流损伤耦合分析模型及其工程应用[J].水力学报,

1991(5):19-35.

[53] 谢和平.岩体变形破坏过程的能量机制[J].岩石力学与工程学报,2008,27(9):1729-1740.

[54] 刘刚,李连崇,肖福坤,等."三硬"煤岩组合体冲击倾向性数值分析[J].煤矿安全,2016(8):198-200,204.

[55] XIAO FUKUN,MA HONGTAO. Experimental Study on Creep Properties of Coal Under Step Load[J]. Electronic Journal of Geotechnical Engineering,2014(19):8751-8760.